...othèque de l'Horticulteur praticien.

CULTURE
DES
CHAMPIGNONS

AVEC L'INDICATION D'UNE

MÉTHODE NOUVELLE

POUR EN

OBTENIR EN TOUS LIEUX PAR L'EMPLOI DE LA MOUSSE

PAR SALLE

DEUXIÈME ÉDITION

PARIS
LIBRAIRIE CENTRALE D'AGRICULTURE ET DE JARDINAGE
RUE DES ÉCOLES, 82, PRÈS LE MUSÉE DE CLUNY
(Au coin du boulevard Sébastopol, rive gauche)
— Auguste **GOIN**, éditeur —
...ciennement QUAI DES GRANDS-AUGUSTINS, 41.

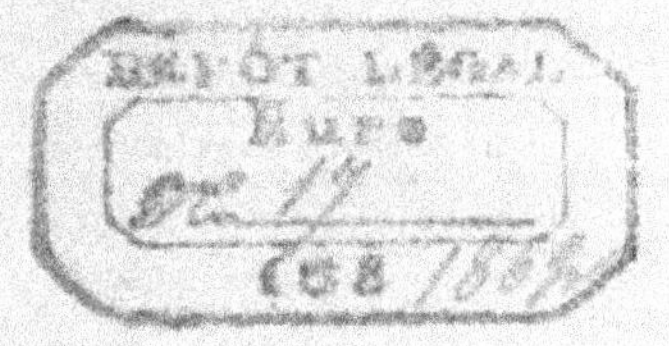

CULTURE

DES

CHAMPIGNONS

CULTURE

DES

CHAMPIGNONS

AVEC L'INDICATION D'UNE

MÉTHODE NOUVELLE

POUR EN

OBTENIR EN TOUS LIEUX PAR L'EMPLOI DE LA MOUSSE

PAR SALLE

DEUXIÈME ÉDITION

Chanterelle comestible.

PARIS

LIBRAIRIE CENTRALE D'AGRICULTURE ET DE JARDINAGE
RUE DES ÉCOLES, 82, PRÈS LE MUSÉE DE CLUNY
(*Au coin du boulevard Sébastopol, rive gauche*)
— Auguste GOIN, Éditeur. —

Évreux, A. Hérissey, imp. — 262.

AVANT-PROPOS.

Si, en faisant connaître avec autant de précision que possible les caractères des champignons, leurs propriétés hygiéniques et vénéneuses, *leur culture si variée*, je suis parvenu à la rendre plus facile aux amateurs auxquels cet ouvrage est spécialement destiné, je serai très-satisfait.

Ce qui généralement retient les personnes qui désireraient faire des couches de champignons, c'est :

Ou la crainte de ne pas réussir ;

Ou le défaut d'emplacement convenable ;

Ou enfin le *prix énorme* demandé par certains jardiniers.

Depuis 1832 que je cultive les champignons, réunissant la théorie à la pratique, je puis dire maintenant sans hésiter que j'ai trouvé le moyen de lever tous ces obstacles.

J'irai droit au but, et en suivant mes indications on pourra compter sur un succès complet.

CULTURE

DES

CHAMPIGNONS

CHAPITRE PREMIER.

Des champignons.

Les champignons sont extrêmement variables dans leur forme, leur consistance, leur couleur, etc. Ce sont des plantes parasites qui se développent soit sur d'autres végétaux encore vivants (exemple : le *Bolet amadouvier*, qui croît sur le chêne ou le prunier, d'où l'on retire l'amadou); soit sur les corps organiques en état de décomposition putride (exemple : le *champignon de couche*); soit à la surface ou même dans l'intérieur de la terre (exemple : la *Truffe*); mais toujours dans des lieux humides et ombragés. Leur accroissement se fait quelquefois avec une rapidité extrême et leur durée est souvent très-courte.

Les champignons se présentent tantôt sous la forme de filaments simples ou compliqués; d'autres fois ils constituent des tubercules ou des parasols garnis en dessous de lames ou feuillets qui s'étendent du centre à la circonférence, de tubes, de pores ou de stries. Ils sont quelquefois cachés avant leur développement dans une espèce de bourse nommée *volva*. Leur tige, pédicule ou pied, terminée par une racine composée de fibrilles, est nue ou entourée d'un collier formé par les débris d'une membrane qui tapisse intérieurement le chapeau. Leur substance, qui *n'est presque jamais verte*, a tantôt la consistance du liége comme on le rémarque dans les champignons vivaces, d'autres fois, elle est molle et mucilagineuse.

Quelques espèces servent à l'aliment de l'homme; d'autres, et c'est le plus grand nombre, sont des poisons très-subtils.

De là deux grandes divisions :

1° *Champignons comestibles;*

2° *Champignons vénéneux.*

Nous n'avons, dans ce traité, à ne nous occuper que des *champignons de couche* : nous donnerons cependant les caractères différentiels et spécifiques des *champignons comestibles et vénéneux* qui croissent dans les départements de l'Est.

Avant tout, donnons les caractères du champignon de couche, ou *Agaric comestible* (fig. 1). Il est arrondi en boule à sa naissance (1). — Il est blanchâtre. —

(Fig. 1.) Agaric comestible, champignon de couche.

(Fig. 2.) Amanite vénéneuse.

Son pédicule ou support est plein intérieurement. — Son chapeau, lisse et dépourvu de toute espèce de

(1) L'individu dont nous donnons ici la figure est arrivé à l'état parfait.

poils, est garni en dessous de *feuillets rosés* qui deviennent noirâtres en vieillissant. — Il croît naturellement sur les pelouses, dans les pacages, dans les friches et sur des fumiers en décomposition. La ressemblance de ce champignon avec l'*Amanite vénéneuse* (fig. 2), dont le chapeau est visqueux, couvert de verrues jaunâtres, collant et à *lames blanches* en dessous, et qui possède un pédicule bulbeux et un volva entourant ce pédicule, a souvent donné lieu à de funestes méprises.

Beaucoup d'amateurs, spéculateurs, etc., se livrent aujourd'hui à la culture du champignon de couche; chacun met à profit des connaissances acquises, ou suit une immuable routine, d'où il résulte une grande diversité dans les modes de culture, et partant dans les résultats obtenus. Toutefois, personne n'ose nier la bonté, la succulence et le plaisir que l'on éprouve à goûter de cette plante alimentaire, provenant de couche ; car on est certain qu'elle n'est jamais vénéneuse.

Pleins de cette douce certitude, que tous fassent des couches ou des meules ; que chacun suive les préceptes enseignés par l'usage ; que tous mettent à profit ceux que nous trace une expérience éclairée et dévouée.

CHAPITRE II.

Règles générales d'après lesquelles on doit faire les couches ou meules. — Couches et meules de crottins secs, dites à la Marchand. — Couches et meules de crottins avec l'emploi du fumier chaud. — Couches sous vitraux. — Couches et meules avec le fumier de cheval préparé. Méthode de Paris.

§ 1er. — RÈGLES GÉNÉRALES D'APRÈS LESQUELLES ON DOIT FAIRE LES COUCHES OU MEULES. — *Choix du lieu.* — On peut faire venir les champignons partout, dit

M. le baron Vanderlinden d'Hoogsvorst : dans les appartements (1), les caves, celliers, halliers, cours, remises, jardins, écuries, bergeries, hangars et greniers ; tous ces endroits sont très-convenables pour y construire des couches ou meules à champignons, suivant la température, les saisons, et l'éloignement de tous animaux ou insectes destructeurs.

Les endroits non pavés sont préférables ; s'ils le sont, on devra avant tout y déposer une couche en hauteur de 25 à 30 centimètres de platras, mortier de briques ou terre, sur une largeur d'environ un mètre.

Pour les couches à l'air, il faut choisir un lieu abrité des grandes pluies et exposé au nord en été, ou sous une futaie ou de gros arbres. On peut encore faire un abri avec des planches ou des branchages. Toujours et dans tous les cas, *il faut éviter la trop grande humidité.*

Avant d'établir la couche ou meule, il faut bien niveler le sol, le piétiner pour le rendre dur ; quand on aura fait usage de platras ou terre, il devra être bien serré, afin d'empêcher les rats, les souris ou mulots, animaux très-friands de champignons, d'y faire leurs nids.

Choix du temps. — Le temps le plus propice pour établir une couche ou meule à l'air est le milieu du printemps, pour récolter des champignons en juillet, et le commencement de l'été, pour en avoir en août, septembre. Il faut environ deux mois à partir du lardage d'une couche pour commencer la récolte. Cependant il en est qui produisent après un mois, mais ce ne sont pas les meilleures.

Durée. — Les couches ou meules produisent pendant deux années. Pour la première année et pendant les deux premiers mois, elles donnent beaucoup, puis la production se ralentit.

La récolte de la deuxième année est bien minime ;

(1) Voir, au chapitre IX, la description du procédé de M. Vanderlinden et celui tout récent du docteur Labourdette.

il serait préférable de faire de nouvelles couches, le blanc et la terre pouvant servir de nouveau.

Celles qui sont faites dans les caves ou celliers donnent en tout temps, cependant elles produisent moins en hiver.

On peut refaire une couche ou meule sur une ancienne, quoi qu'on en dise, en enlevant toute la partie supérieure jusqu'au fumier qui reste en place et par-dessus lequel on remet du fumier chaud, des crottins, etc., et l'année suivante on trouve du blanc dans le fumier qui touche le sol.

Choix des crottins et fumiers. — Le choix des fumiers et crottins est la base sur laquelle repose une bonne culture de champignons. Les chevaux qui sont nourris exclusivement au foin ou à la paille, ou ceux qui mangent beaucoup de vert, de pommes de terre, carottes, marcs de raisins, drages, féveroles, son, ceux-là donnent un fumier médiocre et même mauvais.

Le meilleur fumier est celui des chevaux mangeant peu de foin, mais beaucoup de paille et d'avoine, et qui travaillent. Plus de temps le fumier restera sous les chevaux, mieux il vaudra, parce que l'urine, le piétinement, la transpiration, la poussière sont autant de conditions essentielles pour faire du bon fumier.

Si on ne peut se procurer du fumier ou crottin de première qualité, il faudra en mettre un sixième en plus, en ayant soin d'y ajouter plus de blanc lors du lardage.

Variétés de couches ou meules. — Selon l'usage que l'on fait de tel ou tel fumier ou crottin, selon la préparation qu'il a subi, on distingue quatre variétés de couches qui sont :

1° Couches de crottins secs, dites à la Marchand·
2° Couches sous vitraux;
3° Couches avec le fumier de cheval préparé;
4° Couches avec des crottins seulement ressuyés.

§ 2. — Couches et meules de crottins secs, dites a la Marchand. — Le savant chimiste Marchand a été le premier qui ait démontré à l'Académie des sciences, en 1680, que les champignons se développaient très-bien dans le crottin de cheval.

J'ai fait cette expérience à des saisons différentes, et j'ai toujours obtenu des champignons sans addition de blanc, mais ils n'étaient pas si abondants.

Choix des crottins; leur dessiccation. — Les crottins de chevaux, d'ânes, de mulets et de moutons sont excellents ; mais on emploie plus fréquemment ceux de chevaux, en raison de la facilité que l'on a de se les procurer.

On fait amasser le crottin tous les jours, quoiqu'on puisse le laisser deux ou trois jours à l'écurie, puis on le fait sécher à l'ombre, à l'abri de la pluie, loin des volailles, etc., etc. Il faut avoir soin de le remuer sans trop le casser, et de ne pas le mettre en couche trop épaisse pour éviter toute fermentation ou moisissure. Si le crottin est déposé pour sécher dans un endroit bien aéré, soit grenier, galerie ou hangar, il séchera très-vite, c'est-à-dire en quinze ou vingt jours, en ne le remuant que quatre à cinq fois.

On peut amasser le crottin en hiver, la gelée ne lui fait aucun tort. Une fois sec, on peut le conserver longtemps.

Couches sans emploi de fumier chaud. — La préparation du crottin terminée, il doit être ramené, quoique *bien sec*, à une température de 65 à 75 degrés centigrades. Pour arriver à ce résultat, il faut étendre le crottin sur une épaisseur d'environ 15 centimètres, l'arroser légèrement, puis le bien mêler avec une pelle. S'il n'est pas assez humide (ne pas confondre avec mouillé), il faudra recommencer l'arrosement avec précaution, de manière qu'il ne soit qu'humecté. On mettra ensuite les crottins en un seul tas auquel on donnera la forme d'un *cône*. Pour faire ce tas, on étend au milieu du grenier un premier lit de crottins sur lesquels on marchera afin de les bien serrer, puis on en fait un deuxième et troisième en procédant de la même manière.

En été, le crottin qui est au grenier aura bientôt acquis le degré de chaleur nécessaire ; néanmoins, douze heures après, il faudra le remanier, en le reformant de suite. Alors, après le même laps de temps, il aura acquis une température de 70 à 75 degrés centigrades.

Les crottins amenés à la température voulue doivent être employés immédiatement. En conséquence, il faut les étendre sur une épaisseur, pour le premier lit, de 7 à 8 centimètres, sur une largeur d'environ 1 mètre et d'une longueur arbitraire ; puis les bien serrer ; ensuite recouvrir ce lit d'une couche de 3 à 4 centimètres d'épaisseur de crottins frais (ils entretiennent la chaleur par leur fermentation), puis poser dessus le dernier lit, de la même épaisseur que le premier.

Les crottins bien foulés, la couche ne doit pas avoir plus de 16 à 18 centimètres en épaisseur.

Meules (1). — Les meules ne se font pas contre les murs, il faut les placer de manière à ce que l'on puisse circuler autour.

On leur donne ordinairement 90 centimètres de largeur à la base, et une hauteur de 20 à 22 centimètres. On fait trois lits de la même manière que pour les couches ; après le premier lit, qui doit avoir 8 à 9 centimètres d'épaisseur, on placera les crottins frais, ensuite on fera les deuxième et troisième lits, en diminuant insensiblement la largeur et arrondissant le sommet de la meule. Sa forme doit être celle d'un arc.

Les couches ou meules terminées, on pose le blanc de la manière indiquée au chapitre VI. J'ai fait le 2 juin 1855, dans un grenier, une petite meule avec des restants de crottins et des miettes, d'une surface de 1 mètre 97 centimètres et n'ayant en épaisseur, sur les bords, que 6 centimètres de crottins. Cette

(1) La meule emploie moins de fumier que la couche.

meule a parfaitement réussi et a donné abondamment jusqu'au 10 novembre. Elle était isolée du sol par le moyen de planches de sapin, posées sur des tréteaux, ayant un rebord tout autour pour soutenir les crottins. Je recommanderai de ne pas faire ces sortes de meules si tard ; elles profiteront mieux en les faisant fin mars, avril et mai.

On pourrait, pour gagner de la place, établir dans un grenier une sorte de fruitier, en superposant des tablettes de 1 mètre de largeur et distantes l'une de l'autre d'au moins 60 centimètres, et faire *une couche* sur chacune de ces tablettes.

§ 3. — COUCHES ET MEULES DE CROTTINS AVEC L'EMPLOI DU FUMIER CHAUD. — Elles se font dans les caves, celliers, cours, jardins ou autres *endroits où il y a de l'humidité*.

L'emploi du crottin seul ne convient pas autant ; cependant il y a encore des personnes qui conservent cette vieille méthode, moi-même je l'ai pratiquée en 1832 et 1833, et j'ai bien réussi ; mais l'expérience m'a fait reconnaître qu'il était préférable d'ajouter du fumier chaud, lequel a deux avantages :

1° Celui d'entretenir plus longtemps la chaleur nécessaire à la production des champignons ;

2° Celui de donner du beau blanc la deuxième année, surtout si pour le premier lit on se sert de fumier préparé après deux remaniages, ainsi qu'il est dit au § 5 de ce chapitre. Pour les autres lits, si on n'a pas assez de fumier, on peut en prendre sous les chevaux ou sur le tas.

Couche. — On prend du fumier chaud ainsi qu'il est expliqué ci-dessus : le premier lit se fait d'environ 25 centimètres de hauteur avant d'être foulé, après toutefois l'avoir bien secoué et étendu comme pour une couche à melon, sur une largeur d'environ 1 mètre et sur la longueur que l'on veut ; puis on foule avec les pieds. Les deuxième et troisième lits se feront de même. Après la pose successive des trois lits, le fumier ne doit avoir que 28 à 30 centimètres en épaisseur sur le devant de la couche et 35 à 37 contre le mur, en sorte que la couche soit un peu en plan incliné ou en talus.

Le fumier chaud arrangé, on placera dessus, à 4 ou 5 centimètres des bords (1), un lit de crottins d'environ 7 à 8 centimètres d'épaisseur, en arrosant légèrement avec un arrosoir dont la pomme sera percée de trous très-fins et distancés ; à défaut d'arrosoir, on se sert d'un balai mouillé que l'on secoue sur les crottins. Il ne faut environ qu'un litre d'eau par mètre.

Ensuite on serrera les crottins au moyen d'une planche sur laquelle on marchera ; après quoi on posera le deuxième lit de la même épaisseur, on arrosera et on foulera.

Quinze centimètres de crottins bien foulés sont suffisants pour la hauteur ; on peut sans inconvénient en mettre davantage.

Meules. — C'est la même opération que pour faire les couches. Il faut de 30 à 32 centimètres de fumier chaud partout et bien foulé, — 95 centimètres en largeur, longueur à volonté. Pour les monter, de même que pour l'emplacement, suivre les indications énoncées pour les meules sans l'emploi du fumier.

Observations. — Une couche ou meule dont les fumier et crottins ne seraient pas assez serrés, et qui par la pression ferait l'effet d'un sommier élastique, ne produirait presque rien ; les champignons resteraient petits ; sur cinq cents par mètre, vingt ne viendraient pas à maturité. C'est pourquoi *il est indispensable de bien serrer les crottins.*

Si un pareil état de choses se présente, il ne faut pas craindre de marcher ou fouler la couche à nouveau, ni d'écraser les petits champignons qui seraient levés ; ensuite on donne un coup de râteau, on arrose légèrement, deux heures après on taloche. Au bout

(1) On peut se servir de planches placées aux bords du devant de la couche et soutenues par des piquets, alors on pourra mettre les crottins jusqu'aux planches.

de six à sept jours, les champignons repoussent très-vigoureusement.

§ 4. — Couches sous vitraux. — De 1834 à 1841, j'ai fait des couches de champignons dans les couches à melon ; ce sont celles qui au meilleur marché joignent l'avantage de donner pendant trois ou quatre mois.

Lorsque le fumier, les châssis et les vitraux sont posés, on enlève ces derniers, ayant soin de remarquer sur le fumier le milieu de chacun des vitraux. Autour de cette remarque (place où l'on plantera les melons), on fait, avec du terreau, un cercle qui doit avoir à la base 30 à 35 centimètres de diamètre et 15 centimètres environ de hauteur.

On placera ensuite les crottins dans l'espace compris entre le terreau où l'on doit planter les melons, en suivant invariablement les mêmes principes que pour les couches à champignons ; ces crottins seront de la même hauteur que le terreau placé pour les melons (15 centimètres). Après les avoir bien serrés, on donne un léger bassinage ou arrosage, puis on replace les vitraux pour échauffer la couche.

Le coup de feu de la couche passé, et les melons bons à repiquer, on pose le blanc comme il est dit au § 1er, chapitre VI ; on arrose légèrement les crottins, puis on les taloche. Cela fait, on recouvre le tout d'une couche d'environ 4 centimètres de terreau, que l'on ratisse et qu'ensuite on serre légèrement avec le dos d'une pelle. La couche à champignons terminée, on plante ou l'on repique les melons aux endroits réservés. (Si 19 ou 20 centimètres de terreau ne suffisent pas pour les melons, on peut en ajouter sur chaque place à melons.)

Comme rien ne peut arrêter ni empêcher la pousse des champignons sur une couche faite dans de bonnes conditions, on peut également semer ou repiquer des replants, puisqu'il faut au moins deux mois pour que les champignons produisent.

Si la terre se desséchait trop, il faudrait l'arroser légèrement et à plusieurs reprises, pour ne pas la noyer.

Les amateurs auront du plaisir à voir la quantité de champignons qui pousseront sous les feuilles des melons.

§ 5. — COUCHES ET MEULES AVEC LE FUMIER DE CHEVAL PRÉPARÉ. MÉTHODE DE PARIS. — Le choix du fumier est, nous l'avons dit au § 1er de ce chapitre, le point de départ, la base, l'essence de toute récolte abondante de champignons.

Ainsi donc, il faut choisir du bon fumier et le préparer de la manière suivante :

Préparation du fumier. — *Construction des tas.* — Ils se construisent soit sur un fumier, soit sur un sol nu préalablement nivelé et piétiné. Le tas doit toujours avoir au moins *un mètre* de couche, sur un mètre en hauteur, ce qui donnera un mètre cube. Plus le tas est gros, mieux le fumier se prépare.

Les lits de fumier seront de 30 à 35 centimètres en épaisseur ; le premier lit sera établi sur toute la largeur et la longueur qu'il faut au tas, que l'on élèvera carrément en secouant les pailles imprégnées d'urine et les mélangeant bien avec les crottins.

Il faudra, autant que possible, trier les grandes pailles sèches et tous les corps étrangers ; le *foin* ne produit pas de champignons.

On foulera avec les pieds le premier lit, car plus le fumier sera serré, mieux il s'échauffera ; et les deuxième, troisième, quatrième, cinquième lits et plus seront faits de même.

Le tas terminé, on le peignera tout autour avec la fourche, et tout ce qui sera tiré sera rejeté dessus. S'il n'est pas abrité, il faudra le recouvrir avec du grand fumier ou de la paille pour empêcher la trop grande dessiccation, ou qu'il soit lavé par les grandes pluies. Si les poules ont un accès facile près du tas, il sera bon de l'entourer d'épines, ou au moins d'en mettre par-dessus.

On laissera le tas sans y toucher pendant huit à dix jours, puis on lui donnera le premier *remaniage*. Pour cela, on prendra le dessus du tas à remanier

pour former le premier lit du nouveau, puis les côtés, et ainsi de suite jusqu'à la fin, en ayant soin pour chaque lit de mettre en dedans la surface qui était en dehors, de bien mélanger le tout, et d'étendre les parties sèches ou moisies, puis de les arroser.

Les deuxième et troisième *remaniages* se font environ à huit ou dix jours d'intervalle, en procédant comme il est dit ci-dessus, et suivant les saisons, car en été six à huit jours sont suffisants. On verra au deuxième remaniage que déjà le fumier aura changé de couleur, et qu'au troisième les pailles seront complètement macérées, pourries, et feront corps avec le crottin. Environ six à huit jours après le troisième remaniage, le fumier doit être bon à employer, ce dont on s'assurera en sondant le milieu de la surface supérieure du tas avec une fourche jusqu'à une profondeur de 50 à 60 centimètres. Le fumier, retiré de cette profondeur, doit être onctueux, donner une chaleur moite et ne plus rendre d'eau en le comprimant entre les mains. S'il n'avait pas ces précieuses qualités, il faudrait laisser le tas subsister encore quelques jours, et s'il y avait encore par trop d'eau, mieux vaudrait lui donner un quatrième *remaniage*.

L'appréciation des qualités du fumier sera bien vite acquise, de même que la préparation du tas, après une assez courte pratique.

Il ne faut pas se rebuter en mettant en balance le temps nécessaire pour établir, remanier et arroser un tas, avec les produits que ce fumier devra donner : un homme de peine ou un garçon de ferme mettra tout au plus deux heures pour cette opération.

La préparation des crottins, qui paraît plus simple, plus aisée, demande cependant un temps aussi long que pour le fumier préparé. Du reste, *on n'a rien sans peine.*

Couches. — Dans les départements de l'Est, on n'a pas l'habitude de faire des couches ou meules avec le fumier préparé, qui produit plus de champignons que les crottins. J'ai l'espérance que cette méthode prendra de jour en jour plus d'accroissement.

Dans les environs de Paris, on ne construit que des meules ; j'ai vu celles qui remplissent les carrières à ciel couvert, près de Chantilly, et j'ai été surpris, étonné et charmé à la vue de l'immense quantité de champignons qui fourmillent dans ces sombres et arides tranchées.

Ce ne sont pas seulement les environs de Paris qui approvisionnent les marchés de la capitale, quoi que l'on estime à plus de cent vingt mille francs le prix des fumiers employés pour cette culture. La dernière statistique évaluait à plus d'un million de francs le prix des champignons vendus à Paris provenant de la banlieue ; à cela il faut ajouter le prix de plus de deux cent cinquante mille maniveaux ou paniers expédiés tous les ans de Paris pour la province.

Les couches peuvent se faire partout où il y a de l'humidité, là où le sol est desséchant ou peu humide, l'emploi de la mousse, pour chemise, est nécessaire.

On fera deux lits de fumier, le premier sur une largeur d'un mètre et 18 à 20 centimètres d'épaisseur ; on étendra le fumier en le secouant avec la fourche et mettant partout la même épaisseur, sauf sur les bords, lesquels se font en prenant de petites torchées de fumier d'une épaisseur de 9 à 10 centimètres, ayant soin de retrousser les pailles en dedans de la couche et de bien les serrer les unes à côté des autres, de manière à ce qu'elles ne fassent qu'un corps.

Les bords devront être montés un peu en talus.

On serrera le fumier sur toute la surface avec le dos de la fourche ; puis on fera de même pour le deuxième lit, en sorte que sur le devant de la couche la hauteur soit égale à 40 ou 42 centimètres, et contre le mur à 45 ou 47 centimètres.

Meules. — L'emplacement est le même que pour les autres meules, et la forme doit être celle d'un ovale coupé dans son milieu ; la largeur doit être de

85 centimètres à la base, sur une hauteur de 55 à 60 centimètres; longueur arbitraire (1).

En montant la meule, pour en former les flancs, suivre les mêmes principes qui viennent d'être indiqués pour border la couche.

Le premier lit doit être monté perpendiculairement sur une hauteur de 10 à 12 centimètres, en traitant le fumier comme pour les couches; les deuxième, troisième, quatrième lits se feront successivement, mais toujours en diminuant de largeur, afin qu'au sommet il n'y ait que 10 centimètres de largeur.

Il ne faut jamais arroser le fumier en la montant.

La meule terminée, il faudra en tirer les pailles qui pourraient déborder, et serrer les flancs avec le dos de la main.

CHAPITRE III.

Emploi de la mousse pour chemise. — Récmploi des crottins et fumiers.

§ 1er. — EMPLOI DE LA MOUSSE POUR CHEMISE. — Nous n'avons entendu dire nulle part, ni lu sur aucun ouvrage que la *mousse* puisse être employée avantageusement comme chemise ou couverture des couches et meules.

Nous croyons donc avoir le droit de revendiquer la priorité de cette découverte et nous ne craignons pas de proclamer ici, en la préconisant, qu'elle est d'un avantage *immense et incontestable* pour mener à bonne fin une culture de champignons.

La mousse qui croit après les arbres est celle que

(1) Dans les environs de Paris les meules n'ont que 70 centimètres de largeur sur 66 centimètres de hauteur. Je trouve que le talus est trop droit et que la terre se tient difficilement dessus.

l'on doit préférer ; elle remplace et procure les deux qualités que renferment les caves, à savoir :

L'obscurité et la fraîcheur.

Elle est préférable à la paille parce que :

1° Elle ne chancit pas, tout en maintenant la fraîcheur ;

2° On peut arroser sur cette mousse, ce qui évite l'excès des arrosements ;

3° Parce qu'enfin elle peut resservir pour l'année suivante.

Elle convient pour les couches ou meules faites dans les greniers, halliers, hangars et autres endroits les plus desséchants pour maintenir la fraîcheur et donner de l'obscurité.

Pour les couches à l'air, elles ne convient pas tant, à moins qu'elles ne soient bien abritées.

Le 2 août 1853 nous avons enlevé la chemise en mousse sur deux meules en plein rapport, construites l'une sous un hallier, l'autre au grenier ; deux jours après l'enlèvement de la mousse, tous les champignons avaient disparu ; la mousse fut remise et arrosée : deux jours plus tard les champignons étaient repoussés.

C'est là, nous le croyons, un résultat d'une évidence palpable ; avec de la mousse on peut se passer de *caves* ou *celliers*, et je crois, que pour éviter l'excès des arrosements et conserver plus longtemps une chaleur de 8 à 10 degrés centigrades, l'emploi en serait également bon pour les couches ou meules construites dans ces divers endroits.

§ 2. — Réemploi des crottins. — Le champignon est une plante tellement capricieuse que, quoique sa culture soit presque connue de tous aujourd'hui, les plus adroits, nous-mêmes, pouvons manquer une couche ou meule pour des causes indépendantes de notre volonté.

Parfois cette plante pousse en abondance dans des endroits où l'on n'a donné aucun soin, parfois elle est rebelle aux soins les plus raisonnés et les mieux suivis.

Faut-il donc dans ce dernier cas perdre les fumiers ou crottins préparés à grand peine ? Non pas, certes. — Ici encore nous revendiquons la priorité, car nous ne sachions pas que nul autre que nous ait dit et soutenu : *que le fumier ou crottin provenant de couches ou meules non réussies pouvait être utilisé pour faire une nouvelle couche.* Pour cela on détruira ce qui était fait; si c'est du fumier, on le secouera bien avec la fourche, l'émiettant, puis on l'exposera à la dessiccation dans un endroit convenable et à l'ombre.

Lorsqu'il sera *à demi sec* on établira une nouvelle couche dont la base sera formée de grand fumier chaud, et par-dessus on replacera l'ancien fumier. Ici comme toujours, il ne faudra pas s'éloigner des indications contenues dans le chapitre II, § 3. Puis on posera le blanc.

Si la couche est aux crottins, il faudra les faire *sécher complètement;* et, quand on refera la couche, il faudrait n'employer, autant que possible, que les crottins non émiettés.

Nous n'hésitons pas à conseiller cette méthode, que nous avons éprouvée maintes fois et expérimentée, et dont nous avons toujours eu à nous louer.

CHAPITRE IV.

Manière pour faire le blanc ou levain et ses variétés.

§ 1er. — Blanc vierge. — Pour l'obtenir on prend du fumier préparé, six à huit jours après le second remaniage, ainsi qu'il est dit au § 5 du chapitre II;

puis on fait contre le mur dans un jardin, en un lieu exposé au nord en été et où l'on veut au printemps, un trou en terre d'une profondeur de 50 centimètres, sur une largeur de 60 à 65 centimètres et d'une longueur arbitraire.

On jette sur la terre, au fond du trou, du crottin sec ou, à défaut, celui de vieilles couches (si on a des rognures de blanc, cela vaut encore mieux); puis on jette le fumier dans le trou en ayant soin de le secouer. Le premier lit doit être d'environ 20 à 25 centimètres; on le foulera avec les pieds, et après on l'arrosera avec de l'eau dans laquelle on aura fait délayer de la matière fécale (1). Il en faut moitié, c'est-à-dire que pour 30 litres d'eau il faut 15 litres de matières fécales. Si ce mélange ne peut passer par les trous de la pomme d'arrosoir, on prend un balai avec lequel on asperge le fumier.

Il faut 6 à 7 litres d'eau pour chaque lit, si le trou a deux mètres de longueur. Les 2e, 3e, 4e et 5e lits, qui n'auront que 20 à 25 centimètres en hauteur, se feront comme le premier lit; en ayant soin après l'arrosage de chaque lit d'y jeter, comme il a été dit pour le fond de la couche, des crottins secs, etc.

Le dernier lit doit faire saillie de 25 centimètres au-dessus du sol afin de faciliter les exhalaisons et d'éviter le chancissage proprement dit dans l'intérieur du tas. A partir du mur, le dernier lit doit être fait en talus, de telle sorte que l'écoulement des eaux pluviales soit libre, et qu'elles ne pénètrent pas dans le fumier sur aucun point.

Par dessus on mettra 7 à 8 centimètres de terre, et pour ne pas perdre ce terrain on pourra y semer, soit cerfeuil, avoine ou orge; il faut douze à quinze mois pour que ce blanc soit bien formé; si on n'est pas trop pressé on fera bien de le laisser encore plus longtemps.

On enlèvera le blanc par gros morceaux, on le

(1) C'est le hasard qui m'a fait découvrir que la matière fécale était bonne. J'ai toujours réussi avec cette méthode.

fera sécher dans un grenier *bien aéré et à l'ombre*; lorsqu'il sera sec, on pourra en faire des galettes ou lardons, mais pas trop minces.

Ce blanc peut se conserver sept à huit ans, et, quoique vieux, il est toujours bon.

§ 2. — Blanc de vieilles couches. — J'ai récolté de ce blanc qui se trouvait dans le fumier touchant le sol; ce fumier n'avait aucune préparation, il avait été pris sous les chevaux, mais il y avait dix-huit à vingt mois qu'il couchait à la cave.

Afin d'utiliser le fumier pour couche, nous conseillerons de se servir de fumier préparé comme il est dit au § 1er de ce chapitre, et d'en faire deux lits de 10 à 12 centimètres d'épaisseur chacune avec le même procédé que plus haut; on pourra achever, si l'on n'a pas assez de ce fumier, avec d'autre pris sous les chevaux ou sur le tas.

Il y a aussi du blanc dans le fumier d'anciennes meules que l'on démonte. Ce blanc est bon, mais ne vaut pas les deux autres. On le conservera comme l'autre après avoir été séché, etc.

§ 3. — Blanc avec de la colombine. — Un amateur, ayant jeté dernièrement de la colombine sortant du colombier sur un peu de fumier amassé dans un coin du jardin au nord, y a trouvé cette année du blanc de champignon en abondance.

Un dixième de colombine mêlé avec neuf dixièmes de fumier préparé ferait bon effet.

Pour perfectionner ce blanc, il faut opérer comme nous l'avons dit au § 1er de ce chapitre, sans addition de matière fécale et *le tasser très-souvent* avec les pieds.

§ 4. — Blanc levain. — Il se produit naturellement, sans aucune espèce de préparation, car, mêlé avec la terre ou terreau de la couche qu'il enlace comme un vaste réseau d'une ténuité extrême, il n'est autre chose que les fibrilles multiples de tous les champignons ; il se présente sous la forme de petits filaments blancs, se réunissant les uns avec les autres, s'anastomosant, et auxquels adhèrent quelquefois même de petits champignons.

Ce blanc est bon pour trois à quatre ans, en le prenant d'une couche ou meule pour le mettre sur une autre. Si on ne s'en sert pas de suite, il faut le faire sécher.

On le récolte sur couche mêlé à la terre, en le pinçant avec le bout des cinq doigts réunis.

Il se trouve quelquefois dans le manége d'une machine à battre les grains du blanc formé par les crottins provenant des chevaux travaillant à la mécanique.

Ces crottins balayés dans les coins du manége avec les pailles, etc., fournissent le blanc.

§ 5. — Méthode du baron Vendeblinden. — « Il faut, dit-il, faire le blanc de champignons dans un endroit couvert, sec, et pas trop aéré. Le coin d'une grange, celui d'un hangar, ou même d'une écurie qui ne serait pas pavée de pierres bleues, sont favorables à son développement. Cette espèce de couche doit se faire dans les premiers jours de mai ; en voici la composition, que l'on peut réduire à de moindres proportions :

« 56 brouettées de fumier frais de cheval, d'âne ou de mulet ;

« 6 brouettées de bonne terre de jardin ;

« 1 brouettée de cendres de bois fraîches qui n'aient pas été lavées ;

« Une demi-brouettée de colombine fraîchement tirée du colombier. Il en faudrait le double si elle était de l'année précédente.

« On arrosera le tout très-légèrement avec de l'urine de vache ou du fond de fumier ; après qu'à l'aide de fourches le mélange aura été bien fait, on le placera, de l'épaisseur d'un pied, le long d'une muraille. La largeur est indéterminée, mais il faut cependant une certaine quantité de fumier réussi pour qu'il s'échauffe légèrement. On le tassera fortement avec les pieds, et, au bout de dix jours, on répètera le tassement, qui doit être continué deux ou trois fois par semaine jusque dans les premiers jours de septembre. Alors on le coupera avec une bonne bêche par carrés de 33 centimètres environ, et on le mettra sécher dans un grenier ou toute autre place bien aérée, à l'abri du soleil et surtout de l'humidité. On place ces espèces de briques sur le côté et on les retourne de temps en temps.

« Ce blanc se conserve de dix à douze ans, s'il est placé dans un endroit très-sec et où il ne gèle pas fort.

« Il m'est arrivé plusieurs fois de récolter beaucoup de champignons dans le grenier où je fais sécher le blanc; il en pousse dans les débris abandonnés qui tombent le long de la muraille, et même dans les grandes fentes, entre les planches d'un vieux grenier. »

Observations. — Toutes couches étant égales d'ailleurs, telle produira plus, telle moins, telle autre enfin ne donnera rien du tout. D'où cela provient-il? Du blanc dont on a fait un choix différent.

Je ne saurais trop engager les amateurs et surtout les habitants des campagnes à faire du blanc vierge de la manière décrite dans les § 1 et 3 de ce chapitre, puisqu'il peut se conserver sept à huit ans et qu'on peut le vendre avantageusement.

Prix de revient. — Un mètre cube de fumier préparé au deuxième remaniage vaut, y compris les crottins, le purin et la main-d'œuvre, 12 francs ; il fournira du blanc pour plus de 70 à 90 francs, et celui qui le vendra rendra encore service aux amateurs.

En supposant que le mètre de fumier n'ait presque rien produit, il aura toujours une valeur comme engrais.

CHAPITRE V.

Prix de revient d'une couche ou meule à champignons.

Les couches et meules faites avec des crottins sont les meilleurs marchés ; attendu que l'hectolitre de crottin ne vaut qu'un franc. Il faut un hectolitre et demi pour un mètre de couche.

Crottins.

Pour 3 mètres, 4 hectolitres et demi à 1 fr.	4 f.	50 c.
Blanc 1 franc par mètre.	3	»»
Terre ou terreau.	»	75
Chemise en paille ou grand fumier.	»	75
Main-d'œuvre.	1	50
	10	50

A déduire :

Crottins pour engrais.	1 f.	» c.		
A rendre le fumier qui a servi de chemise.	»	75		
Main-d'œuvre si elle est faite par soi-même.	1	50	7	25
Blanc pour 7 fr. ; on peut en revendre pour.	4	»»		
Reste pour déboursé.			3	25

Avec le fumier préparé.

Un mètre cube donne 3 mètres carrés..	9 f.	»» c.
Blanc, 1 franc par mètre	3	»»
Construction du tas, remaniage et couche par un homme de peine............	4	»»
Terre ou terreau......................	»	75
Chemise de grand fumier et paille.....	»	75
	17	50

A déduire :

Si la main-d'œuvre est faite par soi-même................	4	»»	13	25
A rendre le fumier qui sert de chemise..................	»	75		
Le fumier après la récolte se revend moitié............	4	50		
Blanc à prendre pour environ 7 à 8 fr., à vendre pour	4	»»		
Reste pour déboursé...........			4	25

Nota. — Le blanc est toujours recherché et se vend bien. Lorsque l'on en met en abondance sur une couche ou meule, c'est plus avantageux.

Il est prudent d'en avoir toujours en réserve.

CHAPITRE VI.

Pose du blanc ou lardage. — Gobtage et talochage.

§ 1er. — Pose du blanc ou lardage. — Les couches et meules terminées ainsi qu'il a été expliqué, on doit procéder au lardage.

Il peut sans inconvénient se faire sur les couches ou meules de 4 à 5 mètres, aussitôt qu'elles sont terminées. Pour celles qui sont plus grandes, il serait prudent d'attendre que le *coup de feu* fût passé, surtout pour celles faites avec du fumier.

On commencera par le bord du devant pour les couches, et par le bas de la meule sur le bord du premier lit. A 5 centimètres du bord, on fait avec le doigt un petit trou d'environ 3 centimètres de profondeur sur 5 à 6 centimètres de largeur ; le trou pourra se faire plus ou moins large suivant la grosseur des *morceaux*, *galettes*, *lardon*, *mise* ou *levain de blanc* de champignons. (Tous ces mots sont des synonymies.)

On pose la galette dans le trou et on la recouvre d'un peu de fumier ou de terre si c'est dans le crottin, puis on la serre avec le dos de la main. Le deuxième trou se fait à 25 centimètres de distance du premier, sur la même ligne, et ainsi de suite pour les autres trous; avoir soin de bien conserver ces distances et la ligne droite.

La deuxième ligne se fera à 20 centimètres audessus de la première, en échiquier ou quinconce, et ainsi de suite pour les autres.

Les personnes qui auront beaucoup de blanc pourront en mettre davantage, cela ne peut qu'être avantageux.

Si on se sert de blanc *levain* (c'est celui qui est mêlé avec la terre), il faudra faire les trous à l'avance sur la même ligne, d'une largeur de 7 à 8 centimètres.

On prendra avec les deux mains, au *bout des doigts*, dans un panier ou corbeille, la terre avec le blanc qui s'y trouve mêlé, et on posera le tout dans un trou, puis on serrera avec le dos de la main.

Le crottin provenant des couches où on a levé le blanc *levain* est presque toujours rempli de blanc. On fera bien d'en semer sur la couche ou meule après la pose des galettes ou blanc *levain*.

Après la pose du blanc, si le crottin était un peu sec, il serait bon de l'arroser légèrement; après on taloche toute la couche ou meule avec le dos d'une pelle, afin de bien serrer les lardons avec le fumier ou crottin.

§ 2. — Gobtage et talochage. – Après le lardage, beaucoup de personnes et même des jardiniers recouvrent la couche ou la meule d'environ 4 à 5 centimètres d'épaisseur de terre fine ou terreau (ce qui se nomme *gobter*), puis ils la battent légèrement avec le dos d'une pelle (les jardiniers disent *talocher*).

J'ai longtemps suivi cette méthode; mais l'expérience m'a fait reconnaître qu'il fallait y renoncer et se servir d'une autre couverture nommée *chemise*, indiquée par plusieurs auteurs modernes.

On étend de la grande paille sur la couche ou meule, sans la serrer, on jette sur cette paille du grand fumier chaud ou froid, sur une épaisseur d'environ 6 à 7 centimètres. A défaut de grand fumier on y mettra plus de paille, 10 centimètres sont suffisants.

L'avantage de cette chemise est immense, attendu que la chaleur se conserve mieux, et que, environ dix, douze ou quinze jours après, on peut s'assurer si le blanc est bien pris, tandis qu'avec la terre on ne peut s'en apercevoir que deux ou trois mois après : alors il n'est plus temps d'y remédier.

Il est important de veiller à ce que la chaleur ne soit pas trop forte, il faut au plus 44 degrés centigrades dans le milieu (un peu plus chaud que la température du corps de l'homme); si cette chaleur dépassait, il faudrait découvrir le sommet de la meule ou le haut de la couche contre le mur, pour donner un peu d'air, afin de ne pas brûler le blanc.

On s'apercevra que le blanc est pris si les filaments blancs s'embranchent les uns dans les autres et font corps avec le fumier ou crottin.

Le blanc une fois pris, on ôtera la chemise, on talochera légèrement la couche ou meule avec le dos d'une pelle, ensuite on mettra sur toute la couche 2 à 3 centimètres d'épaisseur de terre fine *et pas trop fraîche* ou du terreau, qu'il faudra serrer légèrement avec une planche ou le dos de la pelle. *On pourra alors compter sur une bonne réussite.*

Si, au contraire, les indices de succès ne se manifestaient pas, si les places où sont posées les galettes ou blanc *levain* ont rougi ou noirci, c'est que le blanc était mauvais ou la chaleur des meule et couche trop forte.

Il faudra de suite se procurer de l'autre blanc et en remettre entre les premiers lardons. Réchauffer la couche ou meule en renouvelant la chemise avec du grand fumier chaud et rejeter par dessus celui qui a servi à la chemise primitive.

C'est rare quand on ne réussit pas; dix, douze à quinze jours après, si le nouveau blanc est pris, on gobtera.

Environ quinze jours après le gobtage, on verra de petites taches blanchâtres sur la couche ou meule; c'est bon signe, mais il faut surveiller, parce que si la terre était trop sèche il faudrait légèrement l'arroser. Si l'on voit courir le blanc, c'est-à-dire étendre sur la couche ses taches blanchâtres, il faudra donner de l'air à la cave ou au cellier.

Pour les couches ou meules faites en plein air, la chemise est toujours nécessaire; il faudra après le gobtage en remettre une nouvelle soit en paille, soit avec des paillassons élevés à 6 centimètres de la couche et en pente. Pour celle de la meule, il lui faut la forme d'un demi-cercle.

CHAPITRE VII.

Croissance. — Récolte des champignons.

§ 1er. Croissance. — Lorsque les champignons commencent à pousser, il faudra fermer les portes et soupiraux des caves et celliers parce que les champignons poussent mieux dans l'obscurité et conservent toute leur blancheur; pour les couches faites ailleurs que dans les caves et celliers, la mousse pour chemise donnera assez d'obscurité. Les champignons de couche naissants sont ronds et en boutons quand ils commencent à pousser; il sera bon de les couvrir avec de la nouvelle terre pour leur donner plus de consistance et de force; cette opération sera mesurée par les progrès de la pousse. Cependant il faut avoir soin de ne pas mettre en épaisseur totale plus de 5 centimètres de terre.

§ 2. — Récolte. – On ne peut pas préciser la grosseur d'un champignon en maturité, souvent le volume d'un gros champignon ne tient pas à son âge; s'il est fermé comme le petit, il est excellent. Il y en a de toutes sortes. ceux de 3 à 4 centimètres de diamètre, ceux plus petits encore sont préférés. Le champignon qui conserve la rondeur de sa forme est bon; mais dès qu'il tourne à figurer le tournesol ou la tulipe, il est dangereux. Il ne faut donc pas laisser prendre au champignon tout son développement.

On peut faire la récolte tous les jours ou chaque deux jours suivant la saison. Il faut prendre le champignon par le pédicule entre le pouce et l'index, le tourner de droite à gauche ou de gauche à droite et l'enlever, puis mettre un peu de terre dans le trou.

Il arrive presque toujours qu'en récoltant des champignons, malgré la précaution qu'on y apporte, on en arrache de petits qui sont adhérents aux racines de celui que l'on enlève. Pour ne pas perdre ces petits champignons, il faut les repiquer en faisant sur la couche un petit trou de 3 centimètres de profondeur, les couvrir et arroser; trois semaines après on peut les récolter.

Il y en a qui poussent par groupes et touffes, il faut en prendre le plus possible, et même en arracher pour repiquer ailleurs, parce que cela ruinerait trop vite la couche ou la meule.

Si la couche ou la meule vient à *bouder* ou ne plus produire autant, il faut donner de l'air aux caves, celliers, etc., puis arroser légèrement et à une heure d'intervalle. Il faut que la terre soit imbibée jusqu'au fumier.

CHAPITRE VI.

Destruction des animaux rongeurs et insectes. Routines et abus.

§ 1er. — DESTRUCTION DES ANIMAUX RONGEURS ET INSECTES. — Les *rats*, les *souris* et les *mulots* sont très-friands de champignons, aussi faut-il les détruire par l'empoisonnement (1). Pour cela, on prend chez le pharmacien une pâte bien affriandée, dans laquelle il entrera du lard grillé et de la pâte phosphorée ; on fera de petites boulettes et on les mettra entre deux tuiles (pour éviter l'approche des chats ou chiens).

Il faut placer ces tuiles aux abords de la couche et dessus.

Les *limaces* ou *limaçons* font un tort immense aux champignons en rongeant les plus beaux. Pour les détruire, nous avons employé du son de blé avec succès. Il faut en faire de petits tas de distance en distance aux abords de la couche ou meule, et lorsque le temps est à la pluie, le limaçon surtout vient s'y vautrer et on le prend facilement.

(1) M. Charles Guénolé, cultivateur à Tréguier (Côtes-du-Nord), s'avisa de l'expédient suivant pour détruire les rats qui dévastaient ses magasins de grains.

Il mit dans une assiette de la *farine* et du *plâtre* en poudre mélangés par parties égales, et il plaça à côté un vase plein d'*eau*.

Les rats allaient d'abord manger le mélange de plâtre et de farine ; ils venaient ensuite se désaltérer. Au contact de l'eau, le plâtre venait à se prendre dans leur estomac, de sorte qu'il formait une pierre qui le remplissait en entier, ainsi qu'il l'a *vérifié* sur les cadavres de plusieurs rats.

Il est ainsi parvenu à se débarrasser complétement de ces hôtes incommodes, qui sont tous morts de faim.....

La paille d'avoine hachée bien menue, mélangée avec de la sciure de bois, de la cendre, enfin avec toutes sortes de matières absorbantes, et répandue sur le sol, fait périr tout aussi sûrement ces hôtes destructeurs.

Chacun sait que les limaces et limaçons ont sous le ventre un plan musculaire qui, par ses contractions et l'humeur visqueuse qui s'échappe des pores de la peau, sert à leur reptation; ils ne peuvent avancer qu'en expulsant une partie de cette humeur, dont on voit, après leur passage, un sillon argenté sur le sol.

Or, lorsqu'ils s'engagent sur le sol recouvert avec le mélange que nous venons d'indiquer, la paille hachée s'attache à leur plan locomoteur. L'animal transsude alors de toutes les parties de sa peau pour s'en débarrasser, et, comme le plâtre, la sciure ou la cendre absorbent une plus grande quantité de mucus qu'il ne peut en fournir, et que plus le mucus s'épuise, plus il devient épais, et contribue à envelopper l'animal davantage et plus solidement de ces matières, bientôt celui-ci perd ses forces et meurt.

Les *cloportes*, qui se trouvent généralement dans tous les lieux humides, font également un tort immense aux champignons.

Pour les détruire, on prendra des linges mouillés, on les tordera un peu et on les posera le soir de distance en distance sur la couche ou meule. Le lendemain, dès le grand matin, on trouvera sous chaque linge une grande quantité de cloportes que l'on enlèvera et écrasera de suite.

Nous nous sommes bien trouvé de suivre les renseignements donnés par un horticulteur. Il indique de brûler une demi-botte de paille dans la cave, en ayant soin de fermer toutes les ouvertures, et, deux heures après, de rentrer dans la cave, en balayer la voûte et tous les coins, puis l'aire d'où l'on enlève les ordures. On trouve les cloportes morts dans les balayures.

Les *moucherons* ne mangent pas les champignons, mais les tachent. Tout le monde sait qu'ils se brûlent à la chandelle ; en conséquence, on pourra en mettre de distance en distance sur la couche, lorsqu'on voudra se débarrasser de ces hôtes incommodes.

§ 2. — Maladies. — Les champignons qui, quoique levés, ne prennent plus d'accroissement et deviennent jaunâtres sont atteints de la maladie connue sous le nom de *pourriture* ou *molle*. La tête du champignon s'écrase facilement entre les doigts, la chair en est pulpeuse et pâteuse.

Pour remédier à cette altération compromettante, il faut retirer avec la main les champignons malades et les jeter, puis ôter la terre ou terreau des places où étaient les champignons. *Il faut aller jusqu'au fumier en crottins*, arroser les vides que l'on a faits avec une solution de 100 grammes de sel de nitre pour 2 litres d'eau, puis remettre de la nouvelle terre en la serrant bien. C'est ainsi que l'on rétablira promptement une couche ou une meule qui menacerait d'étendre cette maladie sur toute sa surface.

La pousse intempestive de petits grains blanchâtres ressemblant à de la semoule, autour des galettes ou lardons et au bas de la meule, constitue aussi une maladie que l'on arrête en retirant exactement tous ces grains, qui se font remarquer de préférence sur les couches ou meules de fumier.

D'après V. Paquet, « le tonnerre ferait beaucoup de tort sur les couches ou meules faites en plein air ou sur celles qui sont dans les celliers, halliers et qui ont des ouvertures du côté d'où vient l'orage. »

Il recommande de boucher toutes les ouvertures, et il ajoute : « Si l'on s'apercevait que le tonnerre et les éclairs ont fait tort aux champignons, il faut sur le champ découvrir et remanier la terre et remettre une litière neuve. »

§ 3. — Routines et abus. — Croire que l'eau qui a servi à laver les champignons, que leurs épluchures ou leurs racines rejetées sur la couche favorisent la pousse des champignons. — *Abus*.

Dire que couper le pédicule d'un champignon bon

à récolter en biseau et à fleur de terre, et que saupoudrer ce qui reste sur la couche reproduira des champignons. — *Abus.*

Penser que semer dans les crottins des bouts de balais de bouleau ou des copeaux, qu'arroser avec de l'eau grasse fait venir plus de champignons. — *Routine.*

Nous avons fait assez d'expériences pour certifier que toutes ces routines sont autant d'abus, que nous avons cru de notre devoir de signaler.

CONCLUSION.

Nous avons posé en principe que pour récolter des champignons il faut :

1° Du fumier ou crottin,

2° Du bon blanc.

Dans les campagnes, presque tous les habitants ont des chevaux, et par conséquent du fumier ; ceux qui n'en ont pas peuvent facilement s'en procurer auprès de leurs voisins ou amis, et le leur rendre pour engrais après la récolte.

Dans les villes, combien de propriétaires de chevaux donnent le fumier pour rien, parce que la place fait défaut pour l'amasser ou que les règlements de police s'y opposent.

Il est donc facile de se procurer partout et à peu de frais la matière première.

Les amis du bien-être général prétendent que si chacun faisait des couches de champignons le produit de la vente de ceux-ci serait loin de balancer le produit pécuniaire et matériel que donnerait la quantité de fumier employé pour les couches au lieu d'être utilisé comme engrais.

C'est là une fausse prévision, car le fumier ou crottin provenant de couche peut être employé comme engrais, sans avoir perdu aucune de ses qualités fertilisantes.

Si cet opuscule atteint le but que je désire,

pourquoi tous les cultivateurs, les manouvriers, les pauvres mêmes ne feraient-ils pas des couches ou meules à champignons?

Si déjà les éléments nécessaires pour les faire ne font pas défaut, certes on ne peut opposer à la bonne volonté le manque de place, puisque par *l'emploi de la mousse* on peut faire des couches dans tous les lieux.

La culture de la pomme de terre et autres légumes est à la vérité lucrative, mais aussi elle exige avant tout la possession de terrains qui coûtent fort cher. Avec les champignons, il n'est pas besoin de sol acquis, tous les endroits sont bons pour les reproduire, et la récolte est beaucoup plus lucrative que celle des autres plantes.

Si jusqu'alors Paris a eu le monopole de la culture des champignons, si même il en a envoyé en province, c'est que celle-ci a été insouciante à ce sujet, c'est qu'elle a manqué de bonne volonté, c'est qu'elle a méconnu ou n'a pu savoir les premières règles de la culture des champignons.

Nous pouvons très-facilement soutenir la concurrence et même vendre à meilleur marché, puisque le tombereau de fumier, qui vaut ici deux francs cinquante se vend aux environs de Paris *dix francs*, différence : trois cents pour cent. La main-d'œuvre est également moins chère en ville et dans les campagnes qu'à Paris et dans la banlieue.

J'aurais pu donner à cet opuscule moins de détails, cependant, pour les personnes peu familiarisées avec la culture des champignons, j'ai dû ne pas m'arrêter si court.

Je me résume et je dis :

Il faut faire *sécher les crottins, les arroser légèrement, les mettre en un seul tas ayant la forme d'un cône, bien les serrer, vingt-quatre heures après les étendre sur une épaisseur de 15 centimètres, longueur et largeur arbitraires. Poser le blanc à 20 ou 25 centimètres de distance, l'enfonçant un peu dans le crottin, le couvrir superficiellement et le serrer avec le dos de la main; puis battre légèrement avec une planche ou le dos d'une pelle la couche, étendre dessus environ 4 centimètres de terre fine, la serrer un peu ; deux mois après vous aurez des champignons.*

Puisse ce traité dessiller les yeux des aveugles, des récalcitrants et des incrédules, quand on saura que le champignon de province, par la fermeté de sa chair, par son goût exquis, est plus estimé à Paris que celui qui y est cultivé, quand enfin on sera persuadé des avantages de cette culture, qui rapporte *cinq cents pour cent.*

Puisse ce traité être appliqué dans ce qu'il a de pratique, je goûterai alors la douce satisfaction qui naît d'un travail utile.

CHAPITRE IX.

Procédé de culture du baron Vanderlinden.

La méthode de M. le baron Vanderlinden, reproduite incomplétement dans ces derniers temps par des journaux agricoles et des ouvrages spéciaux sur la culture des champignons, a été publiée, en juillet 1834, dans le journal *l'Horticulteur belge ;* la voici telle que nous la trouvons décrite dans ce recueil :

« Beaucoup de personnes ont de très-jolis meubles qui servent à porter des pots de fleurs ; rien n'empêche que le dessous de ces meubles serve à faire venir des champignons, et de réunir ainsi l'utile à l'agréable. L'expérience que j'en ai depuis deux ans lève à cet égard toute espèce de doutes. J'ai fait faire des tiroirs en bois de sapin recouverts de couleur ; ils remplissent le vide qui se trouve sous les gradins portant des fleurs dans mon appartement et, moyennant bien peu de soins et sans jamais la moindre odeur, j'ai le plaisir de récolter tout l'hiver beaucoup de champignons. Je n'emploie en cette circonstance que la bouse de vache séchée sans aucun autre fumier, et je la prépare de la manière suivante : après l'avoir fortement humectée avec de l'eau nitrée, je la fais tasser avec les pieds à l'épaisseur de 10 centimètres environ, toujours en y mêlant un peu de terre jetée à la main; je sème ensuite le blanc, sans le briser trop, avec un peu de terre et de la bouse de vache, 5 centimètres seulement; après l'avoir entassée, je couvre le tout de 25 millimètres de terre. Il est possible que la hauteur de 18 centimètres environ que je donne à cette espèce de couche ne soit pas nécessaire, mais je ne l'ai pas essayé avec moins de hauteur. L'exemple que je viens de citer prouve que l'on peut avoir des champignons dans les cages d'escalier et même sous les tables, dans les cuisines. Lorsque les bacs ou tiroirs ont cessé de donner, on a soin de récolter le blanc qu'ils contiennent et qui s'y trouve en abondance; il est très-bon pour faire de nouvelles couches.

« Le local le plus avantageux pour avoir des champignons est bien certainement une écurie, où la chaleur, égale, douce et vaporeuse, doit contribuer au développement du blanc. Le manque de place est l'obstacle que l'on rencontre le plus souvent; mais, par la manière simple et peu coûteuse que je vais indiquer, il y a peu d'écuries où l'on ne puisse établir une ou plusieurs séries de couches; je suppose une bibliothèque avec ses rayons de la profondeur de 65 centimètres ou moins, selon la place, les rayons séparés de 70 centimètres les uns des autres; une planche de 27 centimètres clouée à la planche qui forme le rayon et figurant un petit bac de la profondeur de 27 centimètres avec un jour au-dessus de 43 centimètres.

« On remplit ce bac de 16 centimètres de bon fumier de cheval et de 8 centimètres de bouse de vache nitrée; 25 millimètres de terre couvriront le tout. Le jour de 43 centimètres environ est nécessaire pour soigner et arroser. L'appareil se trouve fermé par un rideau de grosse toile se mouvant avec facilité sur une corde ou une tringle en fer.

« De cette manière on peut avoir six couches à champignons dans une hauteur de 4 mètres 55 centimètres : 65 centimètres étant la profondeur, et la largeur étant indéterminée »

Procédé de culture du docteur Labourdette.

C'est en septembre 1861 que l'auteur communiqua à l'Académie des Sciences une note résumant son procédé.

M. Labourdette fait naître des champignons en plaçant des spores de ces cryptogames sur une plaque de verre qui ne contient autre chose que du sable humecté d'eau. Parmi les champignons ainsi développés, il choisit les plus vigoureux, et c'est avec le *mycellium* (partie blanche) de ceux-ci qu'il obtient des champignons de couche pesant en moyenne 600 grammes.

Le terrain dans lequel on répand le *mycellium* de ces champignons est composé d'une couche de 25 centimètres d'épaisseur de sable et de gravier de rivière, et d'une couche de plâtras de démolition de 15 centimètres d'épaisseur. On sème le *mycellium* dans le sable et l'on arrose avec de l'eau contenant de l'azotate de potasse (nitre ou salpêtre), de manière à distribuer 2 grammes de ce sel par mètre carré de surface du sol.

Six jours suffisent pour le développement de ces champignons. L'action du salpêtre continue de se faire sentir pendant six ans.

CHAPITRE X.

Description de quelques variétés de champignons comestibles et vénéneux, et accidents causés par les champignons vénéneux; effets et traitement.

Les champignons sont, à quelques exceptions près, indigestes, et par cela même dangereux; il y en a qui sont de vrais poisons.

Décrire ici toutes les espèces comestibles serait se charger d'une trop grande responsabilité, surtout en engageant le lecteur à ne rien redouter de telle ou telle espèce, quand nous ne reconnaissons comme seule bonne à manger impunément, que l'espèce dite champignon de couche ou *Agaric comestible*.

Aussi, pour empêcher de funestes accidents, la police de Paris n'autorise-t-elle sur les marchés que les champignons de couche.

Bien qu'on n'ait pas trouvé de caractères généraux propres à faire distinguer avec certitude les champignons alimentaires des nuisibles, on doit rejeter comme suspects tous ceux qui sont remplis d'un suc laiteux, le plus souvent âcre ; ceux dont l'odeur est vireuse et dont la chair se colore à l'air ; ceux qui ont des couleurs tristes, éclatantes ou bigarrées, et dont la chair est pesante, coriace ou analogue au liége, filandreuse ou très-molle ; ceux qui croissent dans les lieux souterrains ou trop humides, sur des débris de substances animales ou végétales en putréfaction ; ceux qui changent la couleur du papier de tournesol ; ceux qui noircissent la lame du couteau avec lequel on les tranche ; ceux qui brunissent une cuiller d'argent ou d'étain, ou qui donnent une couleur noire à l'oignon avec lequel on les fait cuire. Ce dernier indice n'est cependant pas toujours exact, car on cite des cas d'empoisonnement par des champignons cuits avec un oignon dont la couleur blanche serait restée intacte ; enfin ceux que les insectes ont mordus ou abandonnés.

La nomenclature ci-dessous, extraite des tableaux de MM. Hocquard et Perrot, ne s'occupe que de ceux qu'a reconnus *l'usage coutumier du pays*.

CHAMPIGNONS COMESTIBLES.

N° 1. *Bolet* (fig. 3). — Vulgairement appelé *Bruguet*, *Ceps*, *Charbonnier*, *Gyrole*, *Potiron* ; on le reconnaît à son chapeau de couleur *brune*. Ce chapeau est charnu,

ont un chapeau irrégulier de couleur jaune sale, garni de pointes en dessous. Se trouvent dans les gazons des bois, en été et en automne, et se rassemblent par groupes nombreux.

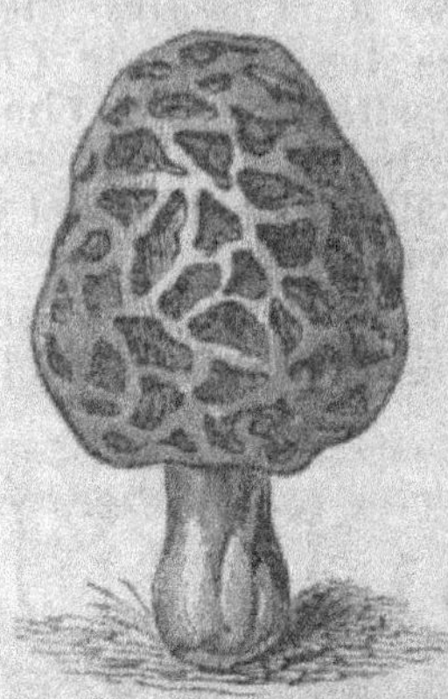

(Fig. 7.) Hydne sinué. (Fig. 8.) Morille.

N° 6. *Morille* (fig. 8). — Vulgairement nommée *Morelle*, on la reconnait par son chapeau ovoïde (la forme d'un œuf tout parsemé d'alvéoles sur sa surface), ne s'ouvrant jamais en parasol. « Ce champignon, dit M. Letellier, se trouve assez souvent au printemps dans les bois, au bord des routes, surtout dans les lieux où l'on a fait du charbon; il dure peu de temps. Comme sa dessiccation est facile, on le conserve toute l'année dans cet état; il suffit d'en attacher les pédicules avec une corde que l'on tend dans un grenier où l'air circule facilement. »

N° 7. *Mousseron aromatique*. — Il ne diffère des Gymnotes que par sa couleur jaune-brun; il est ainsi nommé parce qu'il croît sous la mousse et en rond, dans les prés, sous l'herbe la plus verte. Croît en mai et en octobre.

On le fait sécher; il y en a beaucoup dans les bois, surtout sur les lisières.

CHAMPIGNONS VÉNÉNEUX.

N° 1. *Amanite bulbeuse.* — Vulgairement appelée *Bonnet-Vert*, la plus vénéneuse de toute la tribu. Elle est d'un jaune verdâtre ou olive, les feuillets sont blancs et elle exhale une odeur de moisi.

N° 2. *Amanite oronge.* — Vulgairement appelée *Haute-Jambe*; d'abord enveloppée d'une membrane blanche, elle la déchire en croissant, en montrant son chapeau d'un jaune orangé; elle n'est jamais parsemée de débris de volva, comme dans la fausse oronge.

Ce champignon est classé dans les comestibles d'après le tableau de Hocquard et Perrot; mais je l'ai placé ici, parce qu'il est vénéneux, l'ayant essayé sur un chien.

N° 3. *Amanite fausse oronge.* — Champignon très-commun, admirable pour sa belle couleur orangée, sa forme élégante et élevée. Son chapeau est parsemé de taches blanches; ses feuillets et son pédicule sont blancs. Poison dangereux.

N° 4. *Amanite printanière.* — Entièrement blanche, son chapeau est souvent moucheté de débris de volva. Espèce d'autant plus dangereuse qu'on la confond souvent avec le champignon comestible, dit Boule-de-Neige ou Blanc-de-Neige; cependant on peut le distinguer en ce que le comestible n'a point de volva et que ses feuillets sont roses.

N° 5. *Bolet.* —Vulgairement appelé le *Charbonnier-Poison*; sa forme et sa couleur sont celles du bolet comestible (fig. 3); mais quand on l'entame, sa chair devient bleue plus ou moins foncée, ou passe au noir, au vert ou au brun.

N° 6. *Gymnote mousseron.* — Couleur de soufre, plus élevé sur son pédicule que le mousseron comestible. Il exhale une odeur nauséabonde.

On doit aussi se défier du ***Mousseron anisé*** dont l'odeur pénétrante est égale à celle de l'anis.

N° 7. *Lactaire. — Agaric meurtrier.* Sa couleur est vineuse, son chapeau se creuse en entonnoir, il est pluché et zoné; quand on le coupe, il en sort un lait blanc ou jaunâtre d'une saveur brûlante.

ACCIDENTS CAUSÉS PAR LES CHAMPIGNONS VÉNÉNEUX; EFFETS ET TRAITEMENT.

Les accidents causés par les champignons vénéneux se manifestent plus ou moins promptement, suivant l'âge et le tempérament des personnes, la nature, la qualité et le mode de préparation que l'on a fait subir aux champignons. Mais le plus souvent les accidents ne se déclarent, d'après Parmentier, que dix à douze heures après le repas. M Orfila dit qu'il s'écoule presque toujours de seize à vingt-quatre heures sans qu'on éprouve aucun symptôme.

Suivant le savant Parmentier, les personnes qui ont mangé des champignons malfaisants éprouvent tous les accidents qui caractérisent un poison âcre, stupéfiant, savoir : des nausées, des envies de vomir, des efforts sans vomissement, avec défaillance, anxiété, sentiments de suffocation, soif, constriction à la gorge, accompagnée de douleurs à la région de l'estomac; quelquefois des vomissements fréquents et violents; selles abondantes, noirâtres, sanguinolentes, avec coliques, ténesme, gonflement douloureux du ventre; d'autres fois, au contraire, il y a suspension de toutes les évacuations.

Bientôt surviennent le vertige, la stupeur, le délire, l'assoupissement, la léthargie, des crampes, des convulsions, le froid des extrémités et la faiblesse du pouls. La mort vient ordinairement terminer en deux ou trois jours cette scène de douleur.

Le premier soin qu'on doit prendre dans tous ces cas est de hâter la sortie des champignons. Pour cela on emploie d'abord un vomitif que l'on prépare et qu'on administre de la manière suivante :

Faire dissoudre dans 500 grammes d'eau chaude 25 centigrammes d'émétique ordinaire, auxquels on ajoute 15 grammes de sulfate de soude [sel de Glauber](1), et faire boire à la personne malade cette solution par verrées tièdes à des intervalles plus ou moins rapprochés, en augmentant les doses jusqu'à ce qu'elle ait des évacuations.

Dans les premiers instants, le vomissement suffit quelquefois pour entraîner tous les champignons et faire cesser les accidents ; mais si les secours convenables ont été différés, il est nécessaire alors d'avoir recours au purgatif, au lavement composé de 63 grammes de casse, 2 grammes de séné et 16 grammes de sel d'Epsom (*sulfate de magnésie*), que l'on fait bouillir dans un litre d'eau pendant un quart d'heure pour déterminer des évacuations promptes et abondantes. On emploiera avec succès, comme purgatif, une potion faite avec de l'huile douce de ricin et le sirop de fleurs de pêcher, que l'on aromatisera avec quelques gouttes d'éther alcoolisé (liqueur d'Hoffmann), et que l'on fera prendre par cuillerées à des moments plus ou moins rapprochés.

Si l'évacuation n'a pas lieu, on réitère deux ou trois fois le lavement. Enfin, si, malgré l'emploi des moyens indiqués, les champignons ne sont pas évacués, et que la maladie fasse des progrès, on fait bouillir pendant un quart d'heure une once ou 32 grammes de tabac dans un litre d'eau, on passe et on donne la liqueur sous forme de lavement ; presque toujours le vomissement est la suite de l'emploi de ce médicament.

(1) L'émétique peut être remplacé par 1 gramme 20 centigrammes d'ipécacuanha.

L'éther à haute dose produit aussi de bons effets (on peut aller de 4 à 8 grammes en fractionnant). Le tannin, associé à un peu de soude ou de savon, peut être employé avec avantage.

Si le malade est plongé dans une profonde stupeur, il est utile de lui jeter de l'eau froide au visage, sur la poitrine et sur le dos; il est bon dans ce cas de lui faire prendre une tasse de café très-fort. On recommande surtout de n'administrer au malade ni sel ni vinaigre, car ces substances, en dissolvant le corps vénéneux, répandraient le poison avec beaucoup plus de rapidité dans toute l'économie.

Lorsque les évacuations, qui sont d'une nécessité indispensable, seront terminées, il faut, pour calmer les douleurs et l'irritation produite par le poison, avoir recours à l'usage des mucilagineux, des adoucissants, que l'on associe aux fortifiants et aux sédatifs. Ainsi, on prescrira au malade l'eau de riz gommée, une légère infusion de fleur de sureau coupée avec du lait, et à laquelle on ajoutera un peu d'eau de fleur d'oranger, d'eau de menthe simple et de sirop. On emploie aussi avec avantage les émulsions, les potions huileuses aromatisées avec une certaine quantité d'éther sulfurique. Dans quelques cas, on sera obligé d'avoir recours aux toniques, aux potions camphrées, et, lorsqu'il y aura tension douloureuse du ventre, il faudra employer des fomentations émollientes, quelquefois même les bains, les saignées; mais l'usage de ces moyens ne peut être déterminé que par le médecin, qui les modifie suivant les circonstances particulières; car l'efficacité du traitement consiste essentiellement, non pas dans les spécifiques ou antidotes dont on abuse si souvent le public, mais dans l'application faite à propos de remèdes simples et généralement bien connus.

FIN

TABLE DES MATIÈRES.

—

CHAPITRE III.

CHAPITRE IX.

CHAPITRE X.

Champignons comestibles.

Champignons vénéneux.

Auguste GOIN, Libraire-Editeur

LIBRAIRIE CENTRALE
D'AGRICULTURE ET DE JARDINAGE

82, RUE DES ÉCOLES, 82

AU COIN DU BOULEVARD SÉBASTOPOL (RIVE GAUCHE)

PRÈS DU MUSÉE DE CLUNY

Anciennement QUAI DES GRANDS-AUGUSTINS, 41

CATALOGUE GÉNÉRAL

28 FÉVRIER 1862.

NOTA. — Tous les ouvrages composant le présent Catalogue sont expédiés *franco* sans augmentation des prix marqués, sur demande affranchie. — En outre de l'envoi *franco*, il sera fait 5 p. 100 de remise sur les commandes de 31 à 50 fr., et 10 p. 100 sur celle de 51 fr. et au delà. — Je me charge de fournir aux mêmes conditions les ouvrages de **Droit**, de **Littérature ancienne et moderne**, de **Médecine**, de **Sciences diverses**, etc. — Les demandeurs sont priés de joindre à leur commande un mandat de poste égal à la valeur des ouvrages demandés. — Il est fait une remise de 10 p. 100 sur les ouvrages pris au bureau. — Je viens de publier un *Catalogue d'ouvrages anciens et modernes, neufs ou d'occasion, d'Agriculture et de Jardinage,* qui sera envoyé *franco* sur *demande affranchie.*

L'AGRICULTEUR PRATICIEN, *Revue de l'Agriculture française et étrangère*, publié avec la collaboration des Agriculteurs et Agronomes les plus distingués de la France et de l'étranger.

Ce Journal, dans lequel sont traitées toutes les questions agricoles les plus importantes, est le meilleur marché des Journaux publiés à Paris. Il paraît les 10 et 25 de chaque mois. — Les abonnements datent du 1er octobre de chaque année. **La 9e année** est en cours de publication.

PRIX DE L'ABONNEMENT POUR L'ANNÉE :

Paris, les départements, l'Algérie et la Corse	6 fr.	» c.
Royaume d'Italie	7	»
Belgique, Espagne, Portugal, Suisse et Colonies	7	50
Les huit années publiées	40	»
Chaque année séparément	6	»

L'HORTICULTEUR PRATICIEN, *Revue de l'Horticulture française et étrangère*, publié sous la direction de M. FUNCK, directeur du Jardin royal d'Horticulture de Bruxelles.

Ce Journal paraît à la fin de chaque mois, par livraisons de 24 pages de texte grand in-8o, accompagnées de deux planches coloriées. — Les abonnements datent du 1er janvier de chaque année. **La 6e année** est en cours de publication.

PRIX DE L'ABONNEMENT POUR L'ANNÉE :

Paris, les départements, l'Algérie et la Corse........ 9 fr.
L'étranger, port en sus.

L'ABEILLE POMOLOGIQUE, *Revue d'Arboriculture pratique* à l'usage des amateurs, des jardiniers et des pépiniéristes, publiée par M. l'abbé DUPUY, avec la collaboration d'un grand nombre d'arboriculteurs.

L'Abeille pomologique, dont la publication a commencé cette année, paraît, à la fin de chaque mois, par livraisons de 32 à 48 pages in-8o, avec planches gravées sur bois ou lithographiées.

PRIX DE L'ABONNEMENT POUR L'ANNÉE :

Paris, les départements, l'Algérie et la Corse........ 10 fr.
L'étranger, port en sus.

L'APICULTEUR, *Journal des Cultivateurs d'abeilles, Marchands de miel et de cire*, publié sous la direction de M. HAMET.

Ce Journal paraît le 1er de chaque mois, par livraisons de 32 pages avec figures dans le texte. — Les abonnements datent du 1er octobre de chaque année. **La 6e année** est en cours de publication.

PRIX DE L'ABONNEMENT POUR L'ANNÉE :

Paris, les départements, l'Algérie et la Corse........ 6 fr.
L'étranger, port en sus.

MODE D'ABONNEMENT A CES JOURNAUX :

1o Envoyer un bon de poste ou un mandat à vue sur Paris et sur *papier timbré*, à l'ordre de M. Ale GOIN, éditeur, rue des Écoles, 82;

2o S'adresser à tous les libraires de France et de l'étranger, et aux bureaux des Messageries générales et impériales.

Bibliothèque de l'Agriculteur praticien.

Abeilles. Leur éducation, par A. Espanet. In-18. 40 c.

Abeilles (*Guide de l'éleveur d'*), par de Frarière. In-18, fig. 75 c.

Agriculteur praticien (*L'*), *Revue de l'agriculture française et étrangère*, 9e année. Prix de l'abonnement. 6 fr.

Agriculture. Quelques observations pratiques, par Bodin. In-18. 15 c.

Alcoolisation générale (*Traité complet d'*). Guide du fabricant d'alcools, etc., etc., par N. Basset. 1 vol. in-18, 2e édit. 6 »

Almanach de l'Agriculteur praticien pour 1862. 1 vol. 6e année. In-18 avec de nombreuses fig. 50 c.

Les années 1857, 1858, 1859, 1860 et 1861, chaque. 50 c.

Amendements et Engrais (*Petit Traité des*), par P.-A. de Thier. 1 vol. in-18. (*Sous presse.*)

Analyse chimique appliquée à l'agriculture (*Notions élémentaires d'*), par Isidore Pierre. 1 vol. in-18 avec fig. (*Sous presse.*)

Basse-Cour. Traité complet de l'élève et de l'engraissement des animaux de basse-cour, par Ysabeau. 1 vol. in-18. 1 fr.

Bétail (*De l'alimentation du*) aux points de vue de la production, du travail, de la viande, de la graisse, de la laine, du lait et des engrais, par Isidore Pierre. 2e édition. 1 vol. in-18. 2 50

Bêtes ovines (*Des*) **et des Chèvres**, par Ysabeau. 1 vol. in-18. fig. 1 fr.

Betterave (*Traité pratique de la culture et de l'alcoolisation de la*), par N. Basset. 1 vol. in-18, 2e éd. 2 fr.

Céréales (*Etudes comparées sur la culture des*), des plantes fourragères et des plantes industrielles, par Isidore Pierre. 1 vol. in-18. 2 50

Chaux, Marne et Calcaires coquilliers. Leur emploi pour l'amendement du sol, par Isidore Pierre. In-18. 2e édition. 50 c.

Cultivateur anglais (*Le*), Théorie et pratique de l'agriculture, par Murphy, trad. de l'angl. sur la 5e édit. par Sanrey. In-18. Fig. 1 50

Culture (*De la petite*), ou moyens d'augmenter le rendement des terres de labour et de jardin, par A. Espanet. In-18. 1 fr.

Dindons et Pintades, par Mariot-Didieux. 1 vol. in-18. 75 c.

Drainage. L'Art de tracer et d'établir les drains, par Grandvoinnet. 1 vol. in-18 avec 160 figures. 3 fr.

Drainage. Résumé d'un cours pour les cultivateurs, par Hernoux, ingénieur. In-18, fig. 1 fr.

Engrais en général (*Des*), suivi de la manière de traiter les matières fécales, par Greff. 2e éd. in-18. Fig. 50 c.

Fourrages (*Recherches sur la valeur nutritive des*), par Isidore Pierre. 1 vol. in-18, 2e édit. 2 fr.

Fumier (*Plâtrage et sulfatage du*) et désinfection des vidanges, par Isidore Pierre. In-18. 2e édit. 50 c.

Fumier de ferme (*Le*) élevé à sa plus haute puissance de fertilisation et n'étant plus insalubre, par Quenard. In-18, 2e édit. 1 25

Guano du Pérou (*Le*), comp., falsit., emploi et effets de cet engr. 30 c.

Instruments aratoires (*Des*) **et des travaux des champs**, par Ysabeau. 1 vol. in-18, fig. 1 fr.

Irrigation (*Manuel d'*), par Deby. In-18 avec 100 fig. 1 50

Irrigations (*Petit Traité des*), par James Donald, traduit par A. de Frarière. In-18 avec fig. 50 c.

Lapin domestique (*Traité pratique de l'éducation du*), par le F. Alexis Espanet, 3e édit. 1 vol. in-18. 1 fr.

Laiterie (*La*), suivie de la fabrication des fromages, par A. de Thier. 1 vol. in-18, avec fig. 75 c.

Maïs (*Du*), de sa culture et des divers emplois dont il est susceptible, par Keene et A. de Thier. In-18. (2e *édition sous presse.*)

Maïs (*Alcoolisation des tiges du*) et du **Sorgho sucré**. ALCOOL. — CIDRE. — BIÈRE. — VINS ARTIFICIELS, par DUBET, chimiste. In-18. 75 c.

Mécanique agricole (*Traité complet de*), par J. GRANDVOINNET. 4 livraisons de publiées. 7 fr.

Moutons (*Guide de l'éleveur et de l'engraisseur de*), par J.-J. LEGENDRE, propriétaire-cultivateur. 1 vol. in-18. 1 fr.

Pigeons de colombier et de volière (*Guide de l'éleveur de*), par MARIOT-DIDIEUX. In-18. 75 c.

Pigeons (*De l'éducation des*), **Oiseaux** de luxe, de volière et de cage, par A. ESPANET. 1 vol. in-18. 1 fr.

Pisciculteur (*Guide du*), par J. REMY et le Dr HAXO. In-18, grav. 1 50

Porcs (*Du traitement des*) aux différentes époques de l'année. Extrait des meilleurs ouvrages anglais, par J. A. G. In-18 avec 32 fig. 1 25

Porcheries (*De l'établissement des*), dispositions diverses, construction, par J. GRANDVOINNET. 1 vol. in-18 avec 95 fig. dans le texte. 2 50

Poules (*De l'éducation des*), **Dindes**, **Oies** et **Canards**, par le F. Alexis ESPANET. 1 vol. in-18. 1 fr.

Races bovines (*De l'amélioration des*) en France, et particulièrement dans les départements de l'Est, par SAINT-FERJEUX. 2e édit. 1 fr.

Récoltes dérobées (*Des*), comme fourrages et engrais verts en général, et de la culture de la *Moutarde blanche* en particulier, trad. de l'anglais et annoté par J. A. G. 1 vol. in-18 avec fig. 75 c.

Semailles en ligne (*Des*) **et des Semoirs mécaniques**, par F. GEORGES. In-8. (Extrait de l'*Agriculteur praticien.*) 50 c.

Sorgho à sucre (*Guide du distillateur du*), par F. BOURDAIS. In-18. 1 fr.

Stabulation (*De la*) **de l'espèce bovine**, p. le bar. PEERS. 1 v. in-18. 1 25

Topinambour (*Du*). Culture, alcoolisation, panification de ce tubercule, par DELBETZ, cultivateur. 1 vol. in-18. 1 25

Végétaux (*De la nutrition des*) considérée dans ses rapports avec les assolements, par le baron DE BABO. 1 vol. in-18. 1 fr.

Vers à soie (*Guide de l'éleveur de*), par MM. GUERIN-MÉNEVILLE et Eugène ROBERT. 1 vol. in-18 avec figures. 75 c.

Visite à un véritable agriculteur praticien, par DURAND-SAVOYAT, propriétaire-cultivateur. 1 vol. in-18. 1 25

Abeilles.—Agriculture.—Amendements.—Bois.—Economie rurale.—Fumiers.—Oiseaux de basse-cour, etc.

Abeilles (*De l'Anesthésie ou Asphyxie momentanée des*), ses inventeurs et ses prôneurs, par HAMET. In-18. 40 c.

Abeilles (*Culture des*), par l'abbé FLOQUET, 1 vol. in-18. 1 fr.

Abeilles (*La Culture des*) mise, avec ses principes et tous ses perfectionnements, à la portée des habitants des campagnes par l'abbé BOUGUET. 1 vol. in-18 avec pl. 2 fr.

Abeilles (*Educat. des*) **et ruche française**, par J. VAREMBEY. In-8o. 1 75

Abeille (*L'*) **italienne des Alpes**, ou la fortune des campagnes. Exposé court et pratique sur l'art d'élever les reines italiennes de pure race et fécondes, de les centupler en peu de mois, et de transformer en ruches italiennes les ruches communes, par HERMANN. In-18 de 40 pages. 1 fr.

Abeilles (*Méthode certaine et simplifiée pour soigner les*), par FÉBURIER. 1 vol. petit in-18, fig. 1 25

Agriculteur commençant, par SCHWERZ, 5e édit. 1 vol. in-18. 1 25

Agriculture (*Cours d'*), par DE GASPARIN. 6 vol. in-8. 39 50

Agriculture (*Eléments d'*) **et d'Economie rurale**, ou petit Questionnaire à l'usage des écoles communales, par C. MALLAT. 1 vol. in-12. 60 c.

Agriculture moderne (*Lettre sur l'*), par J. LIEBIG. 1 vol. in-18. 3 50

Agriculture (*Traité d'*), publié sur le manuscrit de l'auteur par DE MEIXMORON DE DOMBASLE, t. Ier. 1 vol. in-8 avec portrait. 5 fr. L'ouvrage sera complet en 4 volumes.

Agriculture élémentaire, théorique et pratique, par LAGRUE. 6e édit. 1 vol. in-18 avec grav. 1 fr.

Agriculture populaire, par Jacques BUJAULT, précédée d'une introduction par Jules RIEFFEL. 1 beau vol. in-8 orné de 38 pl. 7 50

Amendements (*Traité des*). Marne, chaux, diverses espèces d'amendements, par PUVIS, 2e édit. 1 vol. in-12. 3 50

Ampélographie universelle, ou *Traité des cépages* les plus estimés, par ODART, 4e édit. 1 vol. in-8o. 7 50

Animaux domestiques, par LEFOUR. 1 vol. in-18 et fig. 1 25

Animaux (*Recherches expérimentales sur l'alimentation et la respiration des*), par J. ALLIBERT. In-8. 1 50

Apiculture (*Cours pratique d'*), professé au jardin du Luxembourg par HAMET. 2e édit. 1 vol. in-18 orné de 100 fig. 3 fr.

Apiculture (*L'*) **perfectionnée**, ou *Théorie et application pratique de la direction des rayons*, par J. GRESLOT. 1 vol. in-18 avec 30 fig. 1 50

Apiculture pratique (*Traité d'*) mis à la portée de tous les apiculteurs, par J. BAUDET. 1 vol. in-18 avec fig. 3 50

Apiculture simplifiée, ou *Nouvelles Instructions sur l'éducation des abeilles*, par A.-N. DESVAUX. 1 vol. in-18. 1 25

Apiculture (*Petit Traité d'*), ou *Art de soigner les abeilles*, par HAMET. 1 vol. petit in-18, 50 fig. 60 c.

Arbres (*Les*). Etudes sur leur structure et leur végétation, par le docteur SCHACHT. 1 vol. in-8, orné de nombreuses fig. 12 fr.

Arbres (*Physique des*), ou Traité de leur anatomie et de l'économie végétale, par DUHAMEL DU MONCEAU. 2 vol. in-4, fig. (*D'occasion.*) 20 fr.

Arbres et Arbustes (*Traité des*) qui se cultivent en France en pleine terre, par DUHAMEL DU MONCEAU. 2 vol. in-4, fig. (*D'occasion.*) 25 fr.

Arbres et leur culture (*Semis et plantations des*), par DUHAMEL DU MONCEAU. 1 vol. in-4, fig. (*D'occasion.*) 8 fr.

Arbres forestiers (*Taille et conduite des*) et autres arbres de grandes dimensions ou nouvelle méthode de traitement des arbres à haute tige, etc., par le vicomte DE COURVAL. 2e édit. 1 vol. in-8 avec 15 pl. 3 fr.

Assolements (*Les*) **et les systèmes de culture**, par Gustave HEUZÉ. 1 vol. in-8o orné de fig. dans le texte. 9 fr.

Basse-Cour (*Manuel de la fille de*), contenant des instructions pour élever, nourrir, engraisser tous les animaux de la basse-cour, etc., par MALÉZIEUX. 1 vol. in-18, orné de 38 planches. 3 fr.

Basse-Cour, Pigeons et Lapins, par Mme MILLET. 4e édit. fig 1 25

Bêtes bovines (*L'éleveur de*), par VILLEROY. in-18 et fig. 1 25

Bêtes bovines (*Traité des*), par WECKHERLIN. 1 vol. in-12. 3 50

Bêtes ovines (*Traité des*), par WECKHERLIN. 1 vol. in-12. 3 50

Betteraves. Production agricole et richesse saccharine des betteraves ensemencées à différentes époques, par MARCHAND. in-8. 1 50

Bois. — Cours élémentaire de culture des bois, par LORENTZ et PARADE, 4e édition. 1 vol. in-8o. 8 fr.

Bois (*De l'Exploitation des*), par DUHAMEL DU MONCEAU. 2 vol. in-4, fig. (*D'occasion.*) 25 fr.

Bois (*Du transport, de la conservation et de la force des*), par DUHAMEL DU MONCEAU. 1 vol. in-4, fig. (*D'occasion.*) 8 fr.

Bois (*Traité général de statistique, culture et exploitation des*), par J.-B. Thomas, 1840. 2 vol. in-8, fig. 10 fr.

Bois (*Des qualités et de l'usage du*) sous le rapport économique et industriel. In-18. 25 c.

Bois (*De la culture et de l'aménagement des*). In-18. 25 c.

Bois et écobuage (*Conservation des*), par Gueymard. In-18. 25 c.

Bois (*Traité du cubage des*), ou Tarifs pour cuber les bois carrés ou de charp., les bois en grume au 5e et au 6e réduit, par Gussot. In-8, 4e éd. 1 25

Bois en grume (*Tarif métrique pour la réduction des*) en bois équarris, mesurés de 3 en 3 centim., etc., par Fouchard. In-18. 2 50

Bon fermier (*Le*). Aide-mémoire du cultivateur, par Barral. 2e édit. 1861-62. 1 vol. in-18 orné de 230 grav. 7 fr.

Botanique agricole et médicale, ou *Etude des plantes* qui intéressent les vétérinaires et les agriculteurs, par Rodet. in-8, fig. 12 fr.

Calendrier apicole. Almanach des cultivateurs d'abeilles, par Hamet. In-18, 11 fig. dans le texte. 50 c.

Calendrier du bon Cultivateur, par Mathieu de Dombasle, 10e édit. 1 vol. in-12 avec planches. 4 75

Cailles, Faisans et Perdrix. (*Voir* page 16.)

Canards. (Voir *l'Education des poules*, de F. Alexis Espanet, page 4.)

Chasseurs (*Conseils aux*). (*Voir* page 16.)

Cheval (*Achat du*), par Gayot. 1 vol. in-18 et fig. 1 25

Cheval, Ane et Mulet, par Lefour. 1 vol. in-18 et fig. 1 25

Cheval (*L'Age du*). Description détaillée des modifications successives de la denture, suivie d'un exposé des ruses employées par les maquignons et des moyens de les déjouer, par Robinson. 1 vol. in-18 orné de fig. (Extr. des *Conseils aux acheteurs de chevaux*.) 1 fr.

Chevaux (*Conseils aux Acheteurs de*). (*Voir* page 16.)

Chèvres. (*Voir* p. 3.)

Chien de chasse (*Le*). (*Voir* page 16.)

Chimie agricole (*Analyse des cours de*), professés en 1857, 1858, 1860 et 1861, par Malaguti. 4 vol. in-18. 4 fr.

Chimie agricole (*Leç. de*) prof. en 1847, par Malaguti. 1 vol. in-18. 3 50

Chimie agricole (*Petit Cours de*), à l'usage des écoles primaires, par F. Malaguti. 1 vol. in-18, fig. 1 25

Chimie agricole, ou l'agriculture considérée dans ses rapports avec la chimie, par Isidore Pierre, 2e édit. 1 vol. in-18 avec fig. 4 fr.

Chimie (*La*) **du cultivateur**, par P. Joigneaux. 1 vol. in-18. 1 fr.

Chimie usuelle (*La*) appliquée à l'agriculture et aux arts, par le docteur Stockhardt, trad. de l'allemand sur la 11e édit. In-18, 225 grav. 4 50

Comptabilité agricole, par Saint in-Leroy, comprenant:

Mémorial de l'agriculteur, remplaçant tous les livres auxiliaires nécessaires à la tenue d'une comptabilité agricole, contenant, en forme de tableaux, les cadres propres à recevoir les notes et renseignements indispensables à tous les fermiers ou propriétaires faisant valoir, soit directement, soit par régisseur. 1 vol. in-4o oblong. 4 fr.

Livre de caisse, faisant suite au *Mémorial de l'agriculteur*. 1 vol. in-4o oblong. 2 50

Manuel de la comptabilité agricole pratique en partie simple et en partie double. 1 vol. grand in-8o avec tableaux. 3 fr.

Comptabilité et géométrie agricoles, par Lefour. in-18, fig. 1 25

Conseils aux agriculteurs sur les moyens de prévenir l'enflure des vaches, par Papin. In-18. 40 c.

Conseils aux cultivateurs bretons sur l'*hygiène des animaux* *domestiques*, ou Connaissance des moyens de les entretenir et conserver en santé, par PAPIN. 1 vol. in-12. 1 75

Constructions et mécaniques agricoles, par LEFOUR. in-18. fig. 1 25

Cubage des bois en grume et équarris (*Tarif de poche* ou *Traité portatif du*), s'appliquant aux divers systèmes en usage; *vade-mecum* des agents forestiers, etc., par HURTAULT-BANCE. In-18. 80 c.

Cubage des bois équarris (*Tarif métrique pour le*), etc., par FOUCHARD père. 1 vol. in-18. 4 fr.

Culture améliorante (*Principes de*), par LECOUTEUX. 2e édit. in-18. 3 50

Culture générale et instrum. aratoires, par LEFOUR. in-18. fig. 1 25

Dindes. (Voir l'*Education des Poules*, de F. Alexis ESPANET, page 4.)

Drainage (*Du*), par Félix RÉAL. In-18. 25 c.

Economie domestique, par Mme MILLET. 2e édit. in-18. 1 25

Economie rurale, considérée dans ses rapports avec la chimie, la physique et la météorologie, par J.-N. BOUSSINGAULT. 2 v. in-8, 2e éd. 15 fr.

Ecuries (*Des meilleures dispositions à donner aux*), par Eugène GAYOT. In-4o et 39 gravures. 1 25

Ecurie (*Economie de l'*). (*Voir* page 16.)

Eléments d'agriculture, par J. BODIN. 1 vol. in-18, 3e édit., revue, augm. et ornée de planches. 1 75

Engrais (*Des*), ou l'art d'améliorer les plus mauvaises terres par les amendements et les engrais de toute nature, par DUCOIN. 1 vol. in-18. 1 fr.

Engrais azotés (*Des*), par DE GASPARIN, extrait par GUEYMARD, avec un tableau comparatif de la puissance de 119 engrais. In-18. 25 c.

Engrais composés (*Etude sur les*) et sur leur utilité en agriculture, par A. DE LAVALETTE. In-18. 25 c.

Engrais et amendements, par FOUQUET. 2e édit. in-18. 1 25

Engraissement (*Observations et conseils pratiques sur l'*) des veaux, des vaches et des bœufs, par FAVRE D'EVIRE. 1824, in-8. 75 c.

Faisans, Cailles et Perdrix. (*Voir* page 16.)

Fécondation artificielle et éclosion des œufs de poisson, par HAXO. In-8o. 2 50

Fécondation (*De la*) et de l'Eclosion artificielles des œufs de poisson et de l'éducation du frai, par GODENIER. In-8. 1 fr.

Fécondation et Éclosion artificielles des œufs de poisson et éducation du frai. In-8. 25 c.

Fermage (*Estimation, plan d'amélioration, baux*), par DE GASPARIN. in-18. 1 25

Fermière (*Conseils à la jeune*), par P. JOIGNEAUX, In-18, 58 fig. 1 fr.

Flore forestière. Description et histoire des végétaux ligneux qui croissent spontanément en France, etc., par MATHIEU. 2e édit. 1 vol. in-8o. 9 fr.

Forêts. — Cours d'aménag. des for., par H. NANQUETTE. 1 vol. in-8o. 6 fr.

Fours économiques à circulation d'air chaud, par A. CASTERMANN. 1 vol. grand in-8 avec 5 pl., 2e édit. Bruxelles. 2 50

Fosse (*La*) **à fumier**, par BOUSSINGAULT. In-8. 1 25

Fumier de ferme et compost, par FOUQUET. 2e édit. in-18. 1 25

Fumier de ferme et d'écurie (*Sur un nouveau mode de fabrication du*), ou la litière-fumier, par Ch. BRAME. 2 broch. in-8o av. pl. 50 c.

Gardes forestiers (*Guide pratique à l'usage des*), traitant des arbres et arbustes forestiers, de l'ensemencement des diverses espèces et de l'agriculture forestière, etc., etc., par VIDAL. 1 vol. in-8o et 4 lithog. 3 fr.

Guide pratique du fermier et de la fermière. La routine vaincue par le progrès, par Mme MILLET-ROBINET. 1 vol. in-18. 3 50

Herbier agricole, ou Liste des plantes les plus communes, par J. BODIN. 1 vol. petit in-18 orné de 110 figures. 1 50

Houblon, par ERATH. 1 vol in-18. fig. 1 25

Hygiène vétérinaire appliquée. Etude de nos races d'animaux domestiques, multiplication, élevage, par MAGNE. 2e édit. 2 vol.in-8o. 16 fr.

Il faut semer clair, ou Moyen de remédier à la disette des céréales, trad. de l'anglais de DAVIS, par DE THIER. In-18. 30 c.

Incubation (*De l'*) **artificielle**, par A. LEROY. In-18 avec 2 fig. 50 c.

Indispensable du Cultivateur (*L'*), contenant: barème des mesures de capacité usitées en France pour les grains, comparées entre elles pour les poids et les prix, et aux 100 kilos, etc., par BATHIAS, petit in-18. 2 fr.

Instructions agricoles, par P. JOIGNEAUX. In-18. 1 fr.

Irrigateur (*Manuel de l'*), par VILLEROY et MULLER, et *Code des irrigations*; par BERTIN. 1 vol. in-8o, orné de 121 gravures. 5 fr.

Jardin du Cultivateur, par NAUDIN. 1 vol. in-18. 1 25

Labour. Valeur comparative des diverses formes de labour. — Du remplacement des billons par les planches, par TANQUEREL des Planches. 2e édit. in-8. 75 c.

Landes de Bretagne (*Mise en valeur des*) par le défrichement et par l'ensemencement en bois, par le général DE LOURMEL. In-8. 2 fr.

Livre de la Ferme (*Le*) et des Maisons de campagne publié sous la direction de P. JOIGNAUX. 1 vol. grand in-8, d'environ 2,000 pages avec de nombreuses fig. dans le texte.

Cet ouvrage paraîtra en 12 livraisons. — Les livraisons 1 à 4 sont parues. Prix de la livraison. 2 50

Maison rustique des Dames, par Mme MILLET-ROBINET. 5e édit. 2 vol. in-18, ornés de 236 grav. 7 75

Maison rustique du XIXe siècle, publiée sous la direction de MM. BAILLY, BIXIO et MALEPEYRE. 5 vol. gr. in-8 ornés de 2,500 gr. 39 50

Matières fertilisantes, *engrais solides, liquides, naturels et artificiels*, par Gustave HEUZÉ, 4e édit. 1 vol. in-8. 9 fr.

Métayage (*Contrat, effets, améliorations*), par DE GASPARIN. 2e éd. in-18. 1 25

Monde (*Le*) **avant la création de l'homme**, ou le berceau de l'univers. Histoire populaire de la création et des transformations du globe, racontée aux gens du monde par ZIMMERMANN, trad. de l'allemand sur la 10e édit. 1 vol. in-8o orné de 238 fig. et d'une pl. col. 8 fr.

Monographie viticole du coteau de l'Ermitage et des vignobles qui l'avoisinent. etc., par REY In-8. 1 50

Morcellement de la propriété (*Etude sur le*), suivie de notions élémentaires sur l'échange, par BONNE. In-18. 75 c.

Mouches à miel (*Traité sur les*), suivi des procédés pour faire le miel et la cire, avec divers modèles de ruche, par BONNARDEL. In-8. 1 50

Mûriers (*Instruction sur la culture des*). In-18. 25 c.

Noir animal (*Le*). Analyse, emploi, vente, par BOBIERRE. in-18. 1 25

Oies. (Voir *l'Education des poules* de F. Alexis ESPANET, page 4.)

Oie et Canard. Des moyens à employer pour les engraisser afin d'en tirer de meilleurs produits, par COMARMOND. In-8o. 1 fr.

Oiseaux de basse-cour (*Manuel de l'éleveur d'*) et de **Lapins**, par Mme MILLET-ROBINET, 2e édit. 1 vol. in-12 avec gravures. 1 25

Osier (*Traité pratique de la culture de l'*) et de son usage dans l'industrie de la vannerie fine et commune, suivi d'un aperçu sur l'art du vannier, par A. MOITRIER. 1 vol. in-8 avec 4 pl. 2 fr.

Pêche. *Voyez* **La chasse et la pêche**, *page* 16.

Petit livre (*Mon*), ou un peu de tout (*Agriculture, Animaux domes-*

tiques, Economie domestique, Basse-cour, Jardin fruitier, Jardin potager). 1 vol. in-12. 1 25

Phosphates (*Recherches sur l'emploi agricole des*), par P. Dehérain. 1 vol. in-8°. 2 fr.

Pisciculture. Multiplication artificielle des poissons, par Koltz. 1 vol. in-18 orné de 27 fig. dans le texte. 1 50

Pisciculture. Rapp. sur le repeupl. des cours d'eau et sur les travaux de piscic. de M. Millet, suivi des *Etud. sur les fécondations artificielles des œufs de poisson*, par MM. de Quatrefages et Millet. In-8. 1 25

Pisciculture (*Eléments de*), ou *Résumé* des expériences faites au château de Maintenon, par Isidore Lamy. 1 vol. in-18 avec fig. 1 25

Plantes fourragères, par Gustave Heuzé, professeur d'agriculture à Grignon, 3e édit. 1 vol. in-8 orné de 18 pl. col. et de 38 vign. 9 fr.

Plantes fourragères (*Traité de la culture des*), par P.-A. de Thier. 2e édit. in-18. 1 fr.

Plantes industrielles (*Les*), par Gustave Heuzé. 2 vol. in-8 ornés de 21 vignettes et de 10 pl. col. 18 fr.

Plantes nuisibles (*Recherches analytiques sur la composition de diverses*) susceptibles d'être avantageusement employées pour l'alimentation du bétail, et sur l'emploi comme fourrage des feuilles d'orme, de lierre, de chêne et de peuplier, par Isidore Pierre. In-8°. 50 c.

Plantes racines, par Leducte. in-18. fig. 1 25

Poulailler (*Le*). Monographie des poules indigènes et exotiques, par Ch. Jacque. 2e édit. 1 vol. in-18. 117 grav. 3 50

Poules (*Des*), ou Réformation de la basse-cour, par Beaufort de Lamarre. In-8. 75 c.

Poules (*Education des*), par Beaufort de Lamarre, suivie du *Chaponnage et de l'Engraissement de la Volaille* dans le Maine et la Bresse. In-18. 25 c.

Poules (*Education des*), par Mariot-Didieux. 1 vol. in-18. 3 50

Poules (*Instruction sur l'éducation des*), des poulets, des chapons et des poulardes. In-12. 25 c.

Poules (*Maladies des*). Causes et traitem. Trad. de l'angl. In-18. (Voir l'*Almanach de l'Agriculteur praticien, 1862*.) 50 c.

Prairies, par Demoor. in-18. fig. 1 25

Prairies artificielles. Des causes de diminution de leurs produits; études sur les moyens de prévenir leur dégénérescence, par Isidore Pierre, mémoire couronné par la Société d'agric. d'Orléans. 1 vol. in-18. 1 fr.

Prairies artificielles (*Essai sur les*), luzerne, trèfle ordinaire, trèfle printanier et sainfoin ou esparcette, par H. Machard. 1 vol. in-18. 1 fr.

Propriétaire architecte, contenant des modèles de maisons de ville et de campagne, de remises, écuries, orangeries, serres, etc., par U. Vitry. 2 vol. in-4 avec 100 grav. 20 fr.

Races bovines, par Dampierre. 1 vol. in-18. fig. 1 25

Ruche à espacements (*Notice sur la*) et sa culture, par Sauria. In-8° avec 3 planches et tableaux. 1 fr.

Sangsues (*De l'Elève et de la Multiplication des*), visite aux marais des environs de Bordeaux, par Quenard. In-8. 75 c.

Sangsues (*Notice sur le marais à*) de Clairefontaine, par E. Soubeiran. In-8. 75 c.

Sarrasin (*Recherches analytiques sur le*), considéré comme substance alimentaire, par Isidore Pierre. In-8°. 1 25

Sol et Engrais, par Lefour. 1 vol. in-18. 1 25

Sorgho (*Composition chimique et extraction du sucre de la canne de*), par Paul Madinier. In-8. 60 c.

Sorgho (*De l'Introduction et de l'Acclimatation du*) dans le nord de la France, etc., par Dumont-Carment. In-8. 1 50

Sorgho à sucre (*Le*). Culture, récolte, emploi de la graine, extraction du jus sucré, distillation, etc., par Paul Madinier. In-8. 60 c.
(Extrait de l'*Agriculteur praticien*.)

Sorgho sucré (*Le*), sa culture comme plante fourragère et comme plante alcoolisable et saccharine, par Louis Hervé. In-8. 60 c.

Tarif métrique pour la réduction des bois en grume et carrés, etc., par J.-F. Leclerc. In-8. 3 fr.

Taupier (*L'Art du*), ou Méthode amusante et infaillible pour prendre les taupes, par Dralet. 16e édit. 1 vol. in-12, fig. 1 fr.

Travaux des champs, par Victor Borie. in-18 avec fig. 1 25

Truite. — De la pisciculture de la truite, par Comarmond. In-8. 1 50

Vaches laitières (*Traité des*) et l'espèce bovine en général, par F. Guénon, 4e édit. 1 vol. in-8°, nombreuses fig. 6 fr.

Vaches laitières (*Abrégé du traité des*) par F. Guénon. 1 vol. in-18, nombreuses fig. 2 fr.

Vaches laitières (*Choix des*), par Magne. 1 vol. in-18. fig. 1 25

Vaches laitières. Etude complète des caractères à l'aide desquels on peut reconnaitre facilem. une bonne laitière, pr Lodieu. 1 vol. in-18 2 fr.

Vache laitière (*Traité spécial de la*) et de l'élève du bétail, par Collot, 2e édit. 1 vol. in-8° et planches. 6 fr.

Veillées de la ferme du Tourne-Bride, ou Entretien sur l'agriculture, etc., par P. de Varennes. 1 vol. in-18. 1 fr.

Vers à soie (*Conseils aux nouveaux éducateurs de*), par F. de Boullenois, 2e édit. 1 vol. in-8°. 3 50

Vers à soie (*Education des*), comprenant l'éclosion des œufs, l'éducation des vers à soie, la formation et la récolte des cocons, la conservation de la graine. 2 brochures in-12. 50 c.

Vers à soie (*Education des*). Tableau synoptique de toutes les opérations, jour par jour, de l'éducation des vers à soie. 2 pag. in-fol. 25 c.

Vers à soie de l'ailante et du ricin (*Education des*) et culture des végétaux qui les nourrissent, par Guérin-Méneville. in-12. 1 50

Vigne (*Nouvelle Culture de la*) en plein champ, sans échalas ni attaches, par Trouillet. 2e édit. in-18 avec 15 gravures. 1 50

Vigne (*Régénération de la*) par une nouvelle plantation, par E. Trouillet. In-18. 75 c.

Vigne. — Résumé des opérations à suivre pendant le cours de la végétation de la vigne et étude de la rupture des bourgeons à l'état herbacé, par E. Trouillet. Tableau in-folio, fig. et texte. 50 c.

Vigne (*Culture de la*) **et vinification**, par J. Guyot. 1 vol. in-18. Fig. dans le texte. 3 50

Vigne (*Nouveau mode de culture et d'échalassement de la*), applicable à tous les vignobles où l'on cultive les vignes basses, par T. Collignon. 1 vol. in-8 avec 3 pl. 3 fr.

Vigneron (*Le parfait*), Almanach pour 1862. in-18. 50 c.

Vigneron (*Manuel du*). Exposé des divers procédés de culture de la vigne et de vinification, par Odart. 3e édit. 1 vol. in-18. 4 50

Vignes rouges et vins rouges en Maine-et-Loire, par Guillory aîné. 1 vol. in-8 avec pl. 2 50

Vinification (*Traité pratique de*), ou Guide des propriétaires, vignerons, négociants, etc., par H. Machard. 3e édit. in-18. 3 fr.

Vins (*Immense trésor des marchands de*), ouvrage contenant les procédés pour vieillir ou rajeunir les vins, en prévenir ou en corriger les altérations, etc., par Dubief. In 18 de 142 pages. 2 50

Vins de la France (*Traité sur les*). Des phénomènes qui se passent dans les vins et des moyens d'en accélérer ou d'en retarder la marche. Des moyens de vieillir ou de rajeunir les vins, d'en prévenir ou d'en corriger les altérations. Des produits qui dérivent des vins : eaux-de-vie, esprits, vinaigre, tartre et vinasses, avec pl. par Batilliat. 1 vol. in-8°. 7 50

Vins nouveaux (*Les*) du midi et du nord, ou l'art de les couper, colorer, desacidifier, bonifier, vieillir, clarifier, de supprimer le plâtrage et le vinage, par Lebeuf. In-18 de 72 pages. 1 50

Viticulture. Etudes comparées sur la viticulture, par Pistor-Paillet. In-12. 75 c.

Viticulture. Sur la viticulture dans la Charente-Inférieure, par J. Guyot. in-8. 2 50

Zootechnie, ou Science qui traite du choix des animaux domestiques, de leur conservation, de leur rendement et des principales maladies dont ils peuvent être affectés, par Knoll. 2 vol. in-8, fig. 12 fr.

Bibliothèque de l'Horticulteur praticien.

Horticulteur praticien (*L'*), *Revue de l'Horticulture française et étrangère*, etc. (*Voir* l'annonce p. 2.)

Almanach du Jardinier-Fleuriste pour 1862, suivi de quelques notes sur le jardin potager, 8e année. 1 vol. in-18 avec fig. dans le texte. 50 c.

Les années 1854, 1857, 1858, 1859, 1860 et 1861, chaque 50 c.

Abres fruitiers (*Des*) **et de la Vigne,** par Ysabeau. 1 vol. in-18. 1 fr.

Arbres fruitiers et de la Vigne (*Nouvelle Méthode de taille des*), par Picot-Amette. 3e édit. 1 vol. in-18 orné de 37 grav. dans le texte. 1 50

Arbres fruitiers (*Instructions élémentaires sur la taille des*), par Lachaume. 1 vol. in-18 orné de 20 fig. 1 fr.

Arbres fruitiers (*Les*). Manuel populaire de culture, marcottage, bouturage, greffage et taille, par P. Joigneaux. 1 vol. in-18 orné de 111 grav. et du portrait de van Mons. 2 25

Asperges (*Instructions pratiques sur la plantation des*), par Bossin. 2e édition. 1 vol. in-18. 75 c.

Camellias (*Culture des*), par de Jonghe. 2e édit. 1 vol. in-18. 1 fr.

Champignons (*Culture des*), avec l'indication d'une nouvelle méthode pour en obtenir en tous lieux par l'emploi de la mousse, suivi d'une nomenclature des champignons comestibles et vénéneux, par Salle, 2e édit. 1 vol. in-18, fig. dans le texte. 1 fr.

Champignons comestibles et vénéneux (*Traité élémentaire des*), par Dupuis. 1 vol. in-18 avec 8 pl. col. 1 75

Chrysanthème de l'Inde (*Culture du*), suivie de la description de 250 variétés, par Bernieau. 1 vol. in-18. (*Sous presse.*)

Fuchsia (*Histoire et Culture du*), suivies de la description de 540 espèces et variétés, par F. Porcher. 1 vol. in-18. 3e édit. 2 fr. 25

Jardin Fleuriste (*Le*), ou *Instructions* simples et précises pour la culture des plantes d'ornement, annuelles ou vivaces, oignons à fleurs, etc., par Charles Lemaire. 2e édit. 1 vol. in-18 avec figures. 3 50

Melons (*Culture des*). Méthode simple et précise pour obtenir les melons d'une grosseur extraordinaire, etc., par Dufour de Villerose. 1 vol. in-18 avec 5 grav. pour l'explication des tailles. 75 c.

Pêcher en espalier (*Culture du*), par Lasnier. In-18. 50 c.

Fruits et légumes de primeur (*Traité général de la culture forcée par le thermosyphon des*), par le comte Léonce de Lambertye.

Cet ouvrage sera publié en six livraisons de 48 pages in-8°.

Prix de chaque livraison. 1 25

Les livraisons seront ainsi composées :

Melon et Concombre, 1 livr. ; — **Ananas**, 1 livr. ; — **Vigne**, 1 livr. ; — **Fraisier, Groseillier, Framboisier, Figuier**, 1 livr. ; — **Pêcher, Prunier, Cerisier, Abricotier**, 1 livr. ; — **Tomates, Haricots**, 1 livr.

Les livraisons **Vigne** et **Melon et Concombre** *sont parues*.

Des rapports très-favorables de cet ouvrage ont déjà été faits par la *Société impériale d'Horticulture de Paris* et par un grand nombre de Sociétés les plus importantes des départements.

Arbres fruitiers, Botanique, Culture potagère, Jardinage.

Arboriculture (*L'*) **fruitière en 26 leçons**, par Gressent. 1 vol. in-18 avec 192 fig. explicatives. 6 fr.

Arboriculture (*Cours d'*), par Dubreuil. 5e édit. 2 vol. in-18. 12 fr.

Arboriculture (*Manuel pratique d'*), par l'abbé Raoul. 2e édition. 1 vol. in-18, pl. et tableaux. 2 25

Arboriculture (*Notions préliminaires d'*) à la portée de tout le monde. Conseils pratiques, par E. Trouillet. In-12, 20 fig. 50 c.

Arbres fruitiers (*Cours pratique de la culture et de la taille des*), précédé des notions indispensables d'anatomie et de physiologie végétales, par de Bavay. 1 vol. in-18. 2 fr.

Arbres fruitiers. Manuel théorique et pratique de la culture forcée des arbres fruitiers, comprenant tout ce qui concerne l'art de faire mûrir leurs fruits hors de saison par Pynaert. 1 vol. in-18 orné de 12 fig. 5 fr.

Arbres fruitiers (*Instruction élémentaire sur la conduite des*), par Dubreuil. 4e édit. 1 vol. in-18, fig. 2 50

Arbres fruitiers (*Tableau de la conduite et de la taille des*), avec texte explicatif, par l'abbé Dupuy. In-plano. 2 fr.

Arbres fruitiers. Taille et mise à fruit, par Puvis. 1 vol. in-18. 1 25

Arbres fruitiers (*Pratique raisonnée de la taille des*) et de la vigne, par Cossonet. 1 vol. in-8, avec 21 planches. 5 fr.

Arbres fruitiers (*Taille raisonnée des*), par J.-A. Hardy. 5e édit. 1 vol. in-8 avec figures. 5 50

Arbres fruitiers (*Taille raisonnée des*) et autres opérations relatives à leur culture, par de Butret. 20e édit. 1 vol. in-18 orné de 4 pl. grav. 2 fr.

Arbres fruitiers (*Traité de la culture des*). Procédé pour hâter et assurer une abondante récolte de fruits même sur les arbres les plus stériles, etc., par Poulet. In-8°. 50 c.

Arbres fruitiers (*Traité des*), contenant leur figure, leur description, leur culture, etc., par Duhamel du Monceau, 1768. 2 vol. grand in 4° reliés, ornés de 181 planches gravées. 45 fr.

Asperges (*Culture des*), par Loisel. 1 vol. in-12. 1 25

Bon Jardinier (*Le*) pour 1862, par Poiteau, Vilmorin, Decaisne, Neumann, Pepin. 1 vol. in-12. 7 fr.

Bon Jardinier (*Figures de l'Almanach du*), par Decaisne, 20e éd., 632 grav. et 45 pl. 1 vol. in-12. 7 fr.

Botaniste (*Petit Manuel du*) et de l'Herboriste, suivi de principes de médecine, de pharmacie, etc. 2e éd. 1 vol. in-12. 1 75

Boutures. (*Voir le* **Jardin fleuriste**, page 11.)

Catalogue descriptif et raisonné des arbres fruitiers et d'ornement des pépinières, de André Leroy. In-8 et supplément. 1 fr.

Catalogue raisonné et précédé d'instr. sr la plant., la taille des arbres fruitiers, arbustes et rosiers cultivés chez Jamain et Durand. In-4. 1 50

Champignons et Truffes, par Remy. in-18 avec 12 pl. color. 3 50

Chimie et Physique horticoles, par Dehérain. 1 vol. in-18. 1 25

Conifères de pleine terre. Notice sur 86 variétés, par Paul de Mortillet. 2e édit. in-8. 1 50

Conifères (*Traité général des*). Description synonymie, procédés de culture et de multiplication, par A. Carrière. 1 vol. in-8. 10 fr.

Concombre. — Culture forcée. *Voyez* **Melon**, page 14.

Culture maraîchère (*Manuel pratique de la*) de Paris, par Moreau et Daverne. 2e édit. 1 vol. in-8. 5 fr.

Culture maraîchère, par Courtois-Gérard. 3e éd. 1 vol. in-18. 3 50

Culture maraîchère dans les petits jardins, par Courtois-Gérard. 4e édit. 1 vol. petit in-18 avec 15 grav. 1 fr.

Culture potagère (*Nouv. Traité de*), par Joigneaux, 1 vol. in-18. 2 25

Culture potagère rustique et facile, par J. Prevost. In-18. 50 c.

Fleurs (*Album de*) annuelles et vivaces, par Vilmorin-Andrieux. 12 livr. sont en vente. Chaque liv. se vend séparément. 4 fr.

Fleurs (*De la Culture des*) dans les appartements, sur les fenêtres et dans les petits jardins, par Courtois-Gérard. 2e édit. In-18. 1 fr.

Fleurs (*Etude des*). Botanique élémentaire, descriptive et usuelle, par l'abbé Cariot. 3e édit. 3 forts vol. in-18 avec pl. noires. 14 fr.

Fleurs (*Instructions pour les semis de*) de pleine terre, avec l'indication de leurs couleur, époque de floraison, culture, etc., par Vilmorin-Andrieux. 4e édit. In-16. 75 c.

Flore élémentaire des jardins et des champs, avec des clefs analytiques conduisant promptement à la détermination des familles et des genres, et un vocabulaire des termes techniques, par Le Maout et Decaisne. 2 vol. petit in-8. 9 fr.

Fraisier. (*Culture du*), par le comte Léonce de Lambertye. 1 vol. in-8. (*Sous presse.*)

Fruits et Légumes de primeur (*Culture forcée des*). (*Voir* page 12.)

Gladiolus (*Notice sur la culture du*), par Truffaut. In-8°. 20 c.

Greffe (*Traité de la*) des arbres fruitiers et spécialement de la **Greffe des boutons à fruit**, par l'abbé Dupuy. 1 vol. in-18, orné de 24 pl. représentant 151 sujets. 2 50

Greffes diverses. (*Voir le* **Jardin fleuriste**, page 11.)

Horticulture (*Cours élémentaire d'*), par Boncenne. 2e édit. 2 vol. in-18, fig. 1 50

Horticulture (*Entr. famil. sur l'*), par E.-A. Carrière. 1 vol. in-18. 3 50

Horticulture. Principes d'horticulture extraits des **Instructions pour les jardins fruitiers et potagers**, par de la Quintinye, avec notes sur les nouveaux modes de culture et de formes d'arbres fruitiers, etc., par Ch. Morel, vice-président de la Société impériale d'horticulture de Paris. 1 vol. in-8° orné de 16 fig. dans le texte. 4 50

Jardinier des fenêtres, des appartements, etc., par Rémy. 4e édit. 1 vol. in-18. 3 50

Jardinier fruitier (*Le*). Principes simplifiés de la taille des arbres fruitiers, par E. Forney. 1 vol. in-8. fig. 4 fr.

Jardinier multiplicateur (*Guide pratique du*), ou *Art de propager les végétaux* par semis, boutures, greffes, etc., par Carrière. In-18. 3 50

Jardins (*Traité de la composition et de l'ornement des*), avec

161 pl. représentant, en plus de 600 fig., des plans de jardins, des machines pour élever les eaux, etc. 6e édit. 2 vol. in-4 oblong. 25 fr.

Jardin potager (*L'École du*), qui comprend la description des plantes potagères, les qualités de terre et les climats qui leur sont propres, etc.; la manière de dresser et conduire les couches, et d'élever des champignons en toutes saisons, par DE COMBLES. 2 vol. in-12 reliés. (*Rare.*) 6 fr.

Jardinage (*La pratique du*), par Roger SCHABOL. 2 vol. in-12 reliés. (*Rare et recherché.*) 6 fr.

Jardinage (*La théorie du*), par l'abbé Roger SCHABOL. 1 vol in-12 relié. (*Rare et recherché.*) 3 50

Jardinage (*Manuel de*), par COURTOIS-GÉRARD, 5e éd. 1 vol. in-18. 3 50

Jardinier solitaire (*Le*), ou Dialogues entre un curieux et un jardinier solitaire, contenant la méthode de faire et de cultiver un jardin fruitier et potager, et plusieurs expériences nouvelles, avec des réflexions sur la culture des arbres. 1 vol in-12 relié. (*Ancien et rare.*) 2 50

Jardins (*Tracé et ornementation des*), par BONA. 1 vol. in-18, fig. 1 25

Légumes (*Album de*), par VILMORIN-ANDRIEUX. 13 livr. sont en vente. Chaque livr. se vend séparément. 3 fr.

Légumes et Fruits, par JOIGNEAUX. 1 vol. in-18. 1 25

Melons (*Traité complet de la culture des*), par LOISEL. 3e éd. 1 25

Melon et Concombre. — Leur culture forcée, par le comte DE LAMBERTYE. In-8o. 1 25

Monde végétal (*Les Merveilles du*), ou voyage botanique autour du monde, par Karl MULLER, traduit de l'allemand par HUSSON, tome Ier, 1 vol. petit in-8o orné de 127 fig. et de pl. sur papier teinté. 6 fr.

Œillets (*Culture des*), par RAGONOT-GODEFROY. In-12, fig. 2e éd. 1 25

Oignons à fleurs (*Album d'*), par VILMORIN-ANDRIEUX. 4 livraisons sont en vente. Chaque livraison se vend séparément. 4 fr.

Orchidées (*Culture des*). Instructions sur leur récolte, expédition et mise en végétation, par MOREL, 1 vol. in-8o. 5 fr.

Pêchers (*Traité de la culture des*), par DE COMBLES. 1 vol. in-12. (*Ouvrage ancien et rare.*) 3 fr.

Pêcher (*Mémoire sur la culture du*), par A. DE BENGY-PUYVALLÉE. 2e édit., 1 vol. in-18 et 3 planches. 3 50

Pêcher en espalier carré (*Pratique raisonnée de la taille du*), par Al. LEPÈRE. 5e édit. 1 vol. in-8 avec 8 planches. 4 fr.

Pelargonium, par THIBAULT. 1 vol. in-18. 1 25

Pensée (*La*), la **Violette**, l'**Auricule** ou Oreille-d'Ours, la **Primevère**. Histoire et culture, par RAGONOT-GODEFROY. in-18, fig. col. 2 fr.

Pépinières, par CARRIÈRE. 1 vol. in-18. 1 25

Plantes, Arbres et Arbustes (*Manuel général des*). Description et culture de 25,000 plantes indigènes d'Europe ou cultivées dans les serres; par MM. HÉRINCQ et JACQUES, pour les trois premiers volumes, et DUCHARTRE, pour le quatrième volume. 4 vol. petit in-8 à 2 colonnes. 36 fr.

Plante (*La*) **et sa vie**. Leçons populaires de botanique, par SCHLEIDEN. 1 vol. in-8o orné de 14 pl. noires et de 6 col. 12 fr.

Plantes de serre froide, par DE PUYDT. 1 vol. in-18. 1 25

Poires (*Les bonnes*), leur description abrégée et la manière de les cultiver, par Charles BALTET. 2e édit. in-8. 75 c.

Poirier (*Taille du*) **et du Pommier** en fuseau, par CHOPPIN. 1 vol. in-8, fig., 3e édition. 3 fr.

Poiriers (*Les*) **les plus précieux** parmi ceux qui peuvent être cultivés à haute tige, aux vergers et aux champs, avec les figures des fruits, par DE LIRON-D'AIROLLES. in-8. 2 fr.

Pomologie. — Notice pomologique. Description succincte de quelques fruits inédits, nouveaux ou des meilleurs parmi les anciens, avec fig. au trait des fruits décrits, par J. de Liron d'Airoles. 17 livrais. in-8 de publ. 17 fr.

Quarante poires pour les dix mois de juillet à mai. — Monographie divisée en quatre séries de dix poires, dont la maturation s'effectue pendant chacun des mois de juillet à mai; contenant le nom et la synonymie des poires, leur description et celle de l'arbre; le mode de culture, l'indication de l'origine et l'époque de la cueillette du fruit, suivie de considérations générales sur la culture et la taille du poirier, par P. de Mortillet. 2e édit. 1 vol. in-8 avec fig. de grandeur naturelle. 3 50

Reine-Marguerite (*Culture de la*), par Malingre. In-18. 30 c.

Reine-Marguerite pyramidale, par Truffaut. In-8o. 30 c.

Rose (*La*), histoire, culture, poésie, par P.-L.-A. Loiseleur-Deslongchamps. 1 vol. in-12, fig. 3 50

Rose (*La*) chez les différents peuples, anciens et modernes; description, culture et propriété des Roses, par Chesnel, 1838. 1 vol. petit in-18. 1 25

Rosier (*De la Culture du*), avec quelques vues sur d'autres arbres et arbustes, par le comte Lelieur, 1811. 1 vol. in-12. 1 25

Rosier, culture, multiplication. *Voir le* **Jardin fleuriste**, page 11.

Rosier, Violette, Pensée, etc., par Marx-Lepelletier. 1 vol. in-18. 1 25

Serres (*Art de construire et de gouverner les*), par Neumann, 2e éd. 1 vol. in-4 avec 23 pl. grav. 7 fr.

Thermosyphon (*L'Art de chauffer par le*), ou **Calorifère à air chaud**, par A***. 1 vol. in-4, avec 21 planches gravées. 2e édit. 3 fr.

JOURNAUX PUBLIÉS EN BELGIQUE.

Flore des serres et des jardins de l'Europe, description et figures des plantes les plus rares nouvellement introduites sur le continent ou en Angleterre; un cahier grand in-8 tous les mois composé de 10 pl. col. et 32 pag. de texte avec grav. sur bois, publiée par van Houtte. — Prix de l'abonnement : 38 fr.

La 15e année est en cours de publication.

Illustration horticole (*L'*), journal spécial des serres et des jardins, par Lemaire et publié par Verschaffelt. Un cahier grand in-8 tous les mois, grav. dans le texte et 4 pl. col. — Prix de l'abonnement : 18 fr.

La 9e année est en cours de publication.

Pomologie (*Annales de*), publiées par livraisons de planches grand in-8 avec texte, rédigées par MM. de Bavay, Bivort, etc. — Prix de l'abonnement pour 12 livraisons, rendues franc de port :

Edition sur papier ordinaire, 26 fr.
— grand papier, 38

La 8e année est en cours de publication.

Les abonnements à ces journaux sont reçus à la Librairie centrale d'Agriculture, etc.

Chasse. — Pêche. — Oiseaux de volière, etc.

BIBLIOTHÈQUE DU SPORTSMAN.

Economie de l'Ecurie, ou Manuel concernant les soins à donner aux chevaux, la disposition des écuries, les attributions des grooms, la nourriture, l'abreuvage et le travail, par Stewart. 2e édit. 1 vol. in-8o et pl. 5 fr.

Conseils aux Acheteurs de chevaux. Traité de la conformation extérieure du cheval, des vices et imperfections auxquels il peut être sujet, avec de nombreuses remarques destinées à faire reconnaître ces défauts avant l'achat, par Stewart. 1 vol. in-8o illustré de belles pl. sr chine. 5 fr.

Le Chien de chasse. Enumération et description des diverses races. — Dressage et éducation. — Traitement de toutes les maladies, par Robinson. 2e édit. 1 vol. in-8o illustré de 6 planches sur chine. 5 fr.

Conseils aux chasseurs sur le tir, les armes, munitions et ustensiles du chasseur, la chasse en plaine et les différentes chasses des oiseaux sauvages, suivis d'une table alphabétique de tous les gibiers à poil et à plume avec des renseignements détaillés sur chacun d'eux, par Robinson. 1 vol. in-8o orné de planches sur chine et de grav. dans le texte. 5 fr.

Le Tireur infaillible. Guide complet du sportsman en ce qui concerne l'usage du fusil, contenant des leçons élémentaires et approfondies sur le tir de tous les gibiers, le tir du pigeon et le dressage du chien, par Marksman. 1 vol. in-8o avec planches sur chine. 5 fr.

Chevaux de selle, de chasse, de course et d'attelage. Manuel complet de l'éleveur et du propriétaire de chevaux, par Robinson. 1 vol. in-8o orné de planches gravées. 5 fr.

Cheval et l'Amazone (*Le*). Traité complet de l'équitation des dames, par Mme Stirling-Clarke. 1 vol. in-8 orné de 4 pl. col. 5 fr.

Chasse. Carnet de chasse. in-18 oblong, joli cartonnage, toile anglaise. 3 fr.

Gazette des Chasseurs. Revue bi-mensuelle du sport, sous la direction de Robinson. — La *Gazette des chasseurs* paraît deux fois par mois, depuis le 1er janvier 1861. — Prix de l'abonnement pour la France. 18 fr.

Pour les pays étrangers, le port en sus.

Animaux utiles (*Acclimatation et domestication des*), par J. Geoffroy Saint-Hilaire, 4e édit. 1 vol. in-8o orné de fig. 9 fr.

Cailles, Faisans et Perdrix. Guide pratique pour les élever, etc., par Allary. Edition augmentée d'un chapitre sur l'*Incubation artificielle*. 1 vol. in-18. Fig. 1 50

Chasseur (*Le vieux*), ou Traité de la chasse au fusil, orné de 55 grav. représentant toutes les positions du vrai chasseur tirant le gibier, par Deyeux. 1 vol. petit in-18. 2 50

Chasseur-médecin (*Le*), ou *Traité complet sur les maladies du chien*, par Francis Clater. 1834. 1 vol. petit in-18 de 144 pages. 5 fr.

Chasse (*La*) **et la Pêche** en Angleterre et sur le continent. Trad. de divers ouvrages anglais, 1842. 1 vol. in 8o, orné de 52 grav. 12 fr.

Coq de bruyère (*La chasse au*). Histoire naturelle, mœurs, lieux habités par ces oiseaux. L'art de les chercher, de les tirer, de les élever en volière, par Léon de Thier. 1 vol. in-18. 2 50

Oiseaux de volière (*Manuel de l'amateur des*), ou Instruction pour connaître, élever, conserver et guérir toutes les espèces d'oiseaux que l'on aime à garder en volière ou dans la chambre, par Bechstein. Trad. de l'allemand sur la 2e édit. 1 vol. in-18. 3 50

Evreux, A. Hérissey, imprimeur. — 562.

LIBRAIRIE CENTRALE D'AGRICULTURE ET DE JARDINAGE

RUE DES ÉCOLES, 82

Au coin du boulevard Sébastopol (rive gauche)

— Auguste GOIN, éditeur —

Anciennement quai des Augustins, 41

ALMANACH

DE

L'AGRICULTEUR PRATICIEN

ANNÉES 1857 A 1862

6 VOLUMES IN-18 ORNÉS DE 175 FIGURES DANS LE TEXTE

Prix franco : 3 fr.

L'almanach de l'Agriculteur praticien, dont la publication a été commencée en 1857, est destiné à devenir avec le temps une véritable *Encyclopédie d'Agriculture.*

Le soin apporté chaque année dans le choix des articles qui doivent le composer nous a valu l'approbation de plusieurs sociétés d'agriculture, qui nous ont en même temps honoré d'une souscription annuelle.

Afin que l'on puisse mieux juger de l'importance

des matières contenues dans nos almanachs, nous donnons ci-après un extrait des tables des six années publiées :

Amendements et engrais. — Emploi des os. — Emploi des produits du gaz. — Le guano du Pérou. — Effets comparatifs du guano, du fumier et de la poudre d'os. — Parti à tirer de la tourbe et des tourbières. — Usage et emploi de la chaux. — Traitement des fumiers. — Des déjections humaines comme engrais.

Apiculture. — Emplacement du rucher. — Choix des ruches. — Fabrication des ruches en paille.

Constructions rurales. — Visite à la porcherie de Petit-Bourg. — Des auges à porcs. — Ventilation des porcheries.

Drainage. — Ce que signifie le mot drainage; des terres à drainer; signes extérieurs des terres à drainer; prix de revient du drainage; avantage économique du drainage.

Instruments et machines agricoles. — Charrue Hallié, Howard, — concasseur, — coupe-racines à disque, — égrenoir à maïs perfectionné, — faneuse, — faucheuses, — hache-paille à levier, à tambour, — herses à charnières, en fer, à rotation, — houes à cheval, — locomobiles, — machines à battre transportables, — moissonneuses, — pucerounières, — râteau à cheval, — ravales perfectionnées, — semoirs, — tarares.

Oiseaux de basse-cour et Lapins. — Le dindon. — Méthode employée dans le Bas-Rhin pour engraisser l'oie. — Le pigeon. — Des ustensiles du colombier et de la volière — Choix des poules. — Coq et poules cochinchinois. — Maladies des poules. — Méthode d'engraissement des poulardes dans les environs de la Flèche (Sarthe). — Mangeoire américaine à poulets. — Moyen de reconnaître les œufs produisant des poulets mâles et des poulets femelles. — Conservation des œufs. — Du lapin domestique. (*Traité complet.*)

Pisciculture. — Multiplication naturelle de la perche.

Plante aromatique. — Culture du houblon.

Plantes céréales. — Céréales du printemps. — Du sarrasin. — Culture du froment. — Culture du maïs.

Plantes fourragères et Prairies. — De la chicorée sauvage comme fourrage. — Du chou branchu. — L'ivraie vivace et l'ivraie d'Italie.—Le mélilot. — Du sainfoin. — De la spergule.—Quelques mots sur un semis de prairies permanentes. — Engraissement des prairies.

Plantes racines. — Culture des betteraves sur ados.—Quelques variétés de la betterave blanche à sucre. — Culture des navets. — Panais géant de Jersey. — Du rutabaga.

Plante textile. — Culture de la grande ortie.

Race bovine. — De la race charolaise. — Des moyens de connaître les bonnes vaches laitières. — Des économies à réaliser sur l'alimentation. — Méthode de M. de Behague pour nourrir les veaux d'élève. — Sur les équivalents nutritifs et sur le volume des principales matières employées dans l'alimentation. — De l'enflure ou indigestion gazeuse. — De l'efficacité du sel pour préserver les bêtes à corne de la péripneumonie.

Race chevaline. — Rationnement des chevaux.

Race ovine. — De la race cheviot. — Race south-down. — Race new-leicester. — Bénéfice de l'élève des moutons dans la petite culture. — Du marquage des moutons et des pinces à tatouer.

Race porcine. — Caractères de quelques races anglaises et françaises. — Race augeronne. — Race craonnaise. — De l'avantage des races précoces et perfectionnées. — Appareillement des cochons. — Engraissement. — Maladie particulière aux jeunes porcs, désignée sous le nom de dentelée. — Des différents moyens employés pour le bouclement des porcs.

Travaux agricoles. — Du déchaumage des terres. — Observations sur la manière d'effectuer les labours. — Des labours d'hiver. — Sur la fenaison par les temps pluvieux (méthode dite à la Klapp-Meyer). — Des moyettes.

VOLUMES A 1 FRANC

Abeilles (*Considérations sur la culture des*), par l'abbé Floquet. 1 vol. in-18.

Arbres fruitiers (*Instruction élémentaire sur la taille des*), par Lachaume. 1 vol. in-18, orné de 20 fig.

Arbres fruitiers (*Des*) **et de la Vigne**, par Ysabeau. 1 vol. in-18, fig.

Basse-Cour. Traité complet de l'élève et de l'engraissement des animaux de basse-cour, par Ysabeau. 1 vol. in-18.

Bêtes ovines (*Des*) **et des Chèvres**, par Ysabeau. 1 vol. in-18, fig.

Camellias (*Culture des*), par de Jonghe. 2e édit. 1 vol. in-18.

Champignons (*Traité pratique sur la culture des*), avec l'indication d'une nouvelle méthode pour en obtenir en tous lieux par l'emploi de la mousse, suivi d'une nomenclature des champignons comestibles et vénéneux, par Salle. 2e édit. 1 vol. in-18, fig. dans le texte.

Culture (*De la petite*), ou moyens d'augmenter le rendement des terres de labour et de jardin, par A. Espanet. 1 vol. in-18.

Drainage. Résumé d'un cours pour les cultivateurs, par Hernoux, ingénieur. 1 vol. in-18, fig.

Engrais (*Des*), ou l'Art d'améliorer les plus mauvaises terres par les amendements et les engrais de toute nature, par Ducoin. 1 vol in-18.

Instruments aratoires (*Des*) **et des travaux des champs**, par Ysabeau. 1 vol. in-18, fig.

Lapin domestique (*Traité pratique de l'éducation du*), par Alexis Espanet. 3e édit. 1 vol. in-18.

Moutons (*Guide de l'éleveur et de l'engraisseur de*), par J.-J. Legendre, propriétaire-cultivateur, 1 vol. in-18.

Oie et Canard. Des moyens à employer pour les engraisser afin d'en tirer de meilleurs produits, par Comarmond. In-8o.

Pigeons (*De l'éducation des*), **Oiseaux** de luxe, de volière et de cage, par A. Espanet. 1 vol. in-18.

Poules (*De l'éducation des*), **Dindes, Oies et Canards**, par Alexis Espanet. 1 vol. in-18.

Prairies artificielles. Des causes de diminution de leurs produits, études sur les moyens de prévenir leur dégénérescence, par Isidore Pierre, mémoire couronné par la Société d'agriculture d'Orléans. 1 vol. in-18.

Races bovines (*De l'amélioration des*) en France, et particulièrement dans les départem. de l'Est, par Saint-Ferjeux. 2e édit. 1 vol. in-18.

Ruche à espacements (*Notice sur la*) et sa culture, par Sauria. In-8o avec 3 planches et tableaux.

Sorgho à sucre (*Guide du distillateur du*), par F. Bourdais, 1 vol. in-18.

Végétaux (*De la nutrition des*), considérée dans ses rapports avec les assolements, par le baron de Babo. 1 vol. in-18.

Nota. Tous ces ouvrages sont expédiés *franco* en échange d'*un mandat de poste*. Ecrire *franco* à M. Goin, éditeur, rue des Écoles, 82.

Evreux, A. Hérissey, imp. — 362.

BIBLIOTHÈQUE DE L'AGRICULTEUR PRATICIEN (1).

ABEILLES (*Éleveur d'*), par A. de Frarière. In-18, fig .... » 75
ABEILLES (*Éducation des*), par A. Espanet. In-18........ » 40
AGRICULTURE. Quelques observations pratiques, par Bodin. Broch........ » 15
ALCOOLISATION GÉNÉRALE, *Guide du fabricant d'alcools*, par Basset. 1 vol. in-18, fig. et pl., 2e édition........ 6 »
ALMANACH DE L'AGRICULTEUR PRATICIEN pour 1862. 6e année. In-18, fig. » 50
Les années 1857 à 1861 chaque........ » 50
BASSE-COUR. Traité complet de l'élève et de l'engraissement des animaux de basse-cour, par Ysabeau. In-18........ 1 »
BÉTAIL (*De l'alimentation du*), par Isidore Pierre. 1 vol. in-18, 2e édition........ 2 50
BÉTAIL EN FERME (*Du*), extrait de J. Bujault. In-18........ » 60
BÊTES OVINES (*des*) et des chèvres, par Ysabeau. In-18........ 1 »
BETTERAVE (*Culture et alcoolisation de la*), par Basset. In-18, 2e édit........ 2 »
CAILLES, FAISANS ET PERDRIX, par Allary. 1 vol. in-18, fig........ 1 50
CÉRÉALES (*Culture des*), des plantes fourragères, etc., par I. Pierre. In-18........ 2 50
CULTIVATEUR ANGLAIS (*Le*), théorie et pratique de l'agriculture, par Murphy. 1 50
CULTURE (*De la petite*), par A. Espanet. 1 vol. in-18........ 1 »
DINDONS ET PINTADES (*Éleveur de*), par Mariot-Didieux. In-18........ » 75
DRAINAGE (*Notes sur le*), par Hernoux. In-18, 9 pl........ 1 »
DRAINAGE. L'art de tracer et d'établir les drains, par Grandvoinnet. In-18, 150 fig. 3 »
ENGRAIS (*Des*) en général, etc., par Michel Greff. In-18, 2e édit........ » 50
FOURRAGES (*Valeur nutritive des*), par Isidore Pierre. 2e édit. In-18........ 2 »
FUMIER DE FERME (*Le*), par Quenard. In-18, 2e éd........ 1 25
FUMIER (*Plâtrage et sulfatage du*), par I. Pierre. In-18, 2e édit........ » 50
GUANO DU PÉROU, composition, falsifications, etc. In-18........ » 30
INSTRUMENTS ARATOIRES (*des*) et des trav. des champs, par Ysabeau. In-18. 1 »
IRRIGATION (*Manuel d'*), par Deby. In-18, 100 fig........ 1 50
IRRIGATIONS, par J. Donald, trad. par A. de Frarière. In-18, fig........ » 50
LAPIN DOMESTIQUE (*Éducation du*), par F. Alexis Espanet. In-18, 3e éd........ 1 »
MAIS ET SORGHO SUCRÉ (*Alcoolisation des tiges de*). Alcool. — Cidre. — Bière. — Vins artificiels, par Duret. In-18........ » 75
MARNE ET CHAUX. Leur emploi en agriculture, par Isidore Pierre. In-18........ » 50
MOUTONS (*Éleveur et engraisseur de*), par J.-J. Legendre. In-18........ 1 »
PIGEONS *de colombier et de volière*, par Mariot-Didieux. In-18........ » 75
PIGEONS, *Oiseaux de luxe, de volière et de cage*, par A. Espanet. In-18........ 1 »
PISCICULTEUR (*Guide du*), par J. Rémy et le docteur Haxo. In-18, grav........ 1 50
PLANTES FOURRAGÈRES (*Traité pratique de la culture des*), par de Thier. 2e édit., corrigée par Leroy. In-18........ 1 »
PORCHERIES (*De l'établissement des*), construction, etc. In-18. 93 gravures........ 2 50
PORCS (*Du traitement des*) aux différentes époques de l'année. In-18, 30 grav. 1 25
POULES, DINDES, OIES et CANARDS, par F. Alexis Espanet. In-18........ 1 »
RACES BOVINES (*Amélioration des*) en France, par de St-Ferjeux. In-18, 2e éd. 1 »
RÉCOLTES DÉROBÉES (*Des*), comme fourrages et engrais verts, et culture de la Moutarde blanche, traduit de l'anglais par J.-A. G. In-18, fig........ » 75
SEMAILLES EN LIGNE (*Des*) et des semoirs mécaniques, par F. Georges. In-18. » 50
SORGHO A SUCRE. Culture, etc., par Madinier. In-8........ » 60
SORGHO A SUCRE (*Guide du distillateur du*), par F. Bourbais. In-18........ 1 »
SORGHO SUCRÉ, comme plante fourragère, etc., par Hervé........ » 60
STABULATION de l'espèce bovine, par Perre. In-18........ 1 25
TOPINAMBOUR. Culture, alcoolisation, panification de ce tubercule, par Delbetz. 1 25
VÉGÉTAUX (*Nutrit. des*) dans ses rapp. avec les *assolements*, par de Babo. In-18. 1 »
VERS A SOIE (*Éleveur de*), par MM. Guérin-Méneville et E. Robert. In-18, fig. » 75
VISITE à un véritable agriculteur praticien, par Durand-Savoyat. In-18........ 1 25

(1) *L'Agriculteur praticien*, revue de l'Agriculture française et étrangère : 24 numéros par an avec figures dans le texte. — Prix : 6 fr.

Evreux, A. Hérissey, imp. — 362

www.ingramcontent.com/pod-product-compliance
Ingram Content Group UK Ltd.
Pitfield, Milton Keynes, MK11 3LW, UK
UKHW022125260726
13993UKWH00003B/1233

9 782329 242446